# Materialauswahl für Betonbauten

## unter besonderer Berücksichtigung der Wasserdurchlässigkeit

### Versuche und Erfahrungen

Von

Reg.-Baurat **H. Vetter** und Dr. **E. Rissel**

Heidelberg

Mit 40 Textabbildungen
und 16 Zusammenstellungen

Springer-Verlag Berlin Heidelberg GmbH 1933

ISBN 978-3-662-26960-2      ISBN 978-3-662-28437-7 (eBook)
DOI 10.1007/978-3-662-28437-7

# Vorwort.

Anläßlich der Kanalisierung der etwa 110 km langen Neckarstrecke zwischen Mannheim und Heilbronn werden umfangreiche Bauwerke aus Beton notwendig. Allein die bis jetzt fertiggestellten Staustufen erforderten etwa 450000 m³.

Bei Bauausführungen, bei welchen so erhebliche Betonmengen verarbeitet werden müssen, sind eingehende, auf die besonderen Baustoffbeschaffungsverhältnisse zugeschnittene Versuche über den Einfluß der Art und der Kornzusammensetzung des Zuschlags sowie der zur Verfügung stehenden Bindemittelsorten auf die Güte des Betons schon aus wirtschaftlichen Gründen nie zu umgehen; ganz besonders aber werden sie erforderlich, wenn es sich, wie im Falle der Neckarkanalisierung, um Bauten handelt, die in $SO_3$- und $CO_2$-haltigem Wasser erstellt werden müssen, wo also dichter, dazu noch mit einem möglichst wenig säureempfindlichen Bindemittel hergestellter Beton Voraussetzung für den Bestand der aus ihm errichteten Bauwerke ist.

So wurden denn auch in den Jahren 1928—1931 im Auftrag der Neckarbauverwaltung zur Klärung der am unteren Neckar vorliegenden betonwirtschaftlichen und betontechnischen Verhältnisse jeweils in engster Verbindung mit den Baustellen auf deren Erfordernisse eingestellte Versuche durchgeführt. Die dabei gewonnenen Erfahrungen werden hiermit der Öffentlichkeit als Beitrag zur Förderung des Betonbaues übergeben; mögen sie auch außerhalb des Arbeitsbereiches, in welchem sie gesammelt worden sind, Nutzen bringen.

Heidelberg, im Dezember 1932.

Vetter.

# Inhaltsverzeichnis.

Erster Teil.

# Kiesauswahl.

## I. Vorbemerkung.

Im nachfolgenden wird über Versuchsreihen berichtet, die das Neckarbauamt Heidelberg durchführte, um bei der Auswahl der Zuschlagsstoffe für die Betonarbeiten der Staustufen Neckargemünd, Neckarsteinach, Hirschhorn und Rokkenau der Neckarkanalisierung bezüglich Art und Korngrößenverhältnis zu einer sicheren Entscheidung zu kommen. Die vorhandene Literatur konnte als alleinige Grundlage dieser Entscheidung nicht dienen, da sie sich in vielen Punkten widerspricht. Außerdem sollte beim Versuch der unmittelbare Kontakt mit der Praxis gewahrt bleiben. Die Untersuchungen richteten sich in erster Linie nach den auf dem Bau gegebenen Möglichkeiten. — Dieser Bericht soll zeigen, wie die Frage der Kiesauswahl in der Praxis und im Einzelfall gelöst worden ist. So wie in dieser Arbeit darauf verzichtet wird, die gefundenen Ergebnisse einem der vielen bestehenden Systeme einzupassen, wird auch bewußt davon abgesehen, neue allgemeingültige Regeln aufzustellen; der Auseinandersetzung mit anderen Ansichten wird indessen nicht aus dem Wege gegangen. — Die Versuche sind in den Jahren 1928—1931 durchgeführt worden.

**Ziel der Versuche** war, denjenigen Zuschlag zu ermitteln, der für den hier in Frage stehenden Fall — Wasserbau in verhältnismäßig aggressivem Wasser — die beste Betonqualität bei geringstem Kostenaufwand, also den wirtschaftlichsten Beton, lieferte. Für die Beurteilung der „Betongüte"[1] waren von der Vielzahl der heute geprüften Eigenschaften maßgebend: Wasser-

---

[1] Vgl. dazu auch E. Rissel: Über Gütebewertungen von Zement. Tonind.-Ztg. 1931 S. 411.

undurchlässigkeit und größter Widerstand gegen chemische Einflüsse, bei ausreichender Druckfestigkeit[1].

In den hier beschriebenen Versuchsreihen wurden Wasserdurchlässigkeit[2] und Druckfestigkeit geprüft, wozu bemerkt werden muß, daß die Druckfestigkeitsprüfung mehr als „allgemeine Qualitätsprüfung" (Bindekraft[3]) denn als reine Festigkeitsprüfung zur Bewertung kam. — Nach einem vorher aufgestellten Arbeitsplan konnte unter den gegebenen Umständen nicht gearbeitet werden. Es mußte vielmehr, häufig unter dem Druck der fortschreitenden Bauarbeiten, über jeden Schritt vorwärts von Fall zu Fall entschieden werden. Soweit der Überblick dadurch nicht gestört wird, soll auch hier in chronologischer Reihenfolge berichtet werden.

# II. Vorversuche.

Vorversuche überzeugten uns von der Richtigkeit der in der Literatur teils vertretenen, teils widersprochenen Ansicht, daß Beton von plastischer Konsistenz weniger wasserdurchlässig ist als solcher von erdfeuchter oder gießfähiger Beschaffenheit. Die Ergebnisse dieser Prüfungen finden sich in nachstehender Zusammenstellung 1. Plastischer Beton hatte hiernach neben kleinster Wasserdurchlässigkeit eine für unsere Zwecke ausreichende Druckfestigkeit. Deshalb wurde zunächst plastischer Beton sowohl für die weiteren Versuche als auch auf dem Bau verwendet.

---

[1] Die Erfüllung der zweiten Qualitätsforderung ist in höherem Maße als diejenige der beiden anderen auch von der verwendeten Zementsorte abhängig. Die Zementauswahl wird im zweiten Teil besprochen.

[2] Bezüglich Größe, Herstellung und Lagerung der Prüfkörper, Apparatur, Wasserdruck usw. siehe E. Rissel: Neue Formen und einfache Apparatur zur Bestimmung der Wasserdurchlässigkeit von Beton. Zement 1930 S. 532. Zu ergänzen ist dort: Durchmesser der Scheiben = 40 cm. Im Auszug als Anhang hier beigefügt.

[3] Vgl. Kühls „Wertzahlen" (Zusammenfassung von Zug- und Druckfestigkeit) in H. Kühl: Zementchemie, S. 83. Berlin: Zement u. Beton G. m. b. H. 1929. Die Beschränkung unsererseits auf die Druckfestigkeitsprüfung leitete sich aus rein betriebstechnischen Gründen her. Es ist möglich, daß eine Verbindung mit der Zugfestigkeitsprüfung, wie bei Kühl, oder eine Prüfung der Biegefestigkeit, wie sie Emperger (Zement 1930 S. 1209) für den Eisenbetonbau als „Gütemaßstab" wünscht, mehr am Platze wäre. Eindeutig muß aber festgelegt werden, daß bei der „Gütebewertung" von Beton für Wasserbauten die Ergebnisse der Wasserdurchlässigkeitsprüfung an erster Stelle stehen müssen und daß Festigkeitsprüfungen hier nur Ergänzungsprüfungen bilden sollen, zumal bei erreichter Wasserundurchlässigkeit die geforderten Festigkeiten einschl. vorgeschriebener Sicherheit fast immer um ein Vielfaches überschritten werden.

Zusammenstellung 1.  Wasserdurchlässigkeit und Druckfestigkeit von Beton verschiedener Konsistenz.

| 1 | a | 2 | b | 3 | 4 | 5 | 6 | 7 | | 8 | | 9 |
|---|---|---|---|---|---|---|---|---|---|---|---|---|
| | Konsistenz | | | | Wasser-Zement-Faktor[4] | | | Druckfestigkeit [Raumgewicht kg/m³] nach 28 Tagen (20-cm-Würfel) | | Wasserdurch-lässigkeit nach rd. 28 Tagen[2] (Scheiben-dicke 20 cm) | | |
| Zement-sorte | Bezeichnung | Setzmaß $s$ Ausbreitmaß $a$ | | Wasser-gehalt[1] | $= \dfrac{\text{Wasser-gewicht}}{\text{Zement-gewicht}}$ | Zu-schlag | Zement-menge[4] | | Ver-hältnis-zahl | | Ver-hältnis-zahl | Be-mer-kung |
| | | cm | | Gew.% | | | kg/m³ | kg/cm² | | cm³/cm²/Std. | | |
| A Portland-Jurament (Nr. 608) | erdfeucht | $s = 0$ $a = $ zerfallen | | 5,73 | 0,63 | | 204 | **150** [2395] | 1,5 | **0,1240** | 7,5 | |
| | plastisch | $s = 3$ $a = 45$ | | 7,08 | 0,77 | | 213 | **100** [2340] | 1 | **0,0165** | 1 | |
| | gießfähig | $s = 21$ $a = 55$ | | 8,50 | 0,93 | | 205 | **82** [2290] | 0,8 | **0,0579** | 3,5 | |
| B Traß-portland-Zement (Nr. 609) | erdfeucht | $s = 0$ $a = $ zerfallen | | 5,32 | 0,58 | | 209 | **319** [2380] | 1,3 | **[0,2]³** | [222] | |
| | plastisch | $s = 5$ $a = 50$ | | 6,86 | 0,75 | | 206 | **242** [2370] | 1 | **0,0009** | 1 | |
| | gießfähig | $s = 12$ $a = 58$ | | 7,95 | 0,87 | | 214 | **122** [2340] | 0,5 | **0,437** | 485 | |

Column 5 (Zuschlag): Rheinkies nach Kurve II a Abb. 3.
Column 9 (Bemerkung): Alle Werte sind Mittelwerte aus 3 Prüfkörpern.

[1] Der Wassergehalt ist bei allen Versuchen in Gewichtsprozenten der Trockenmischung angegeben.

[2] Der Prüftermin konnte infolge anfänglichen Apparatemangels nicht immer auf den Tag eingehalten werden.  Zwischen dem Prüftermin des ersten und letzten Körpers einer Reihe bestehen Differenzen von 6÷8 Tagen, und zwar bei allen in der Zusammenstellung 1 aufgeführten Versuchsreihen.

[3] Ein Körper unendlich durchlässig (vgl. Zusammenstellung 3, Rubrik 11), Wert geschätzt.

[4] Vgl. Fußnote 3 der Zusammenstellung 2 und Fußnote 1, Seite 15.

1*

Forderungen der Praxis und inzwischen gewonnene Erkenntnisse ließen es später angebracht erscheinen, andere Versuchsreihen mit Beton von **gießfähiger Konsistenz** durchzuführen, was hier vorweggenommen sei.

Zu allen unseren Versuchen ist zu bemerken, daß der für die Wasserdurchlässigkeits-Prüfkörper verwendete erdfeuchte und plastische Beton in der im Zement 1930 S. 533 angegebenen Weise bearbeitet wurde, also mit einem nicht so schweren Stampfer, wie ihn die „Bestimmungen des D. A. f. E." für Probewürfel vorschreiben. In jahrelanger Zusammenarbeit mit ersten deutschen Betonfirmen angestellte Beobachtungen über die **Stampfarbeit** in der Praxis haben uns dazu geführt, den Beton in dieser mehr „baumäßigen" Art zu behandeln, wodurch gleichzeitig für uns ein Sicherheitsfaktor geschaffen wurde[1]. Trotzdem für die Würfel die gleichen Überlegungen gelten, wurden und werden hier alle Würfel für Druckfestigkeitsprüfungen nach den „Bestimmungen des D. A. f. E.", Abschnitt D, Ausgabe 1925, hergestellt und gelagert, um die Ergebnisse mit den Versuchen anderer Prüfer vergleichen zu können.

Für alle Versuche wird hier der Beton gleichmäßig sorgfältig von Hand gemischt, und zwar viermal trocken und sechsmal unter Wasserzugabe.

An dieser Stelle sind ferner noch einige Erklärungen über die **Auswertung der Wasserdurchlässigkeitsprüfung** einzuschalten. Die Ergebnisse dieser Prüfung bei **gleichbleibendem Wasserdruck**, nach der Zeit aufgetragen, liefern Kurvenbilder etwa wie die in Abb. 1a und b gezeichneten[2]. Aus vielen, in einer späteren Arbeit näher zu erläuternden Überlegungen, die teils auf eigenen Untersuchungen, teils auf Versuchen anderer Stellen fußen, kamen wir dazu, die **Maxima der „Wasserdurchlässigkeit-Zeit-Kurven"** als **charakteristischen Wert** für die **Wasserdurchlässigkeit** des geprüften Betonkörpers anzusehen. Als Maß gelten die in der Stunde durch den Quadratzentimeter Prüffläche durchgehenden Kubikzentimeter (Bezeichnung: $cm^3/cm^2/Std.$)[3].

**Zu rein wissenschaftlichen Vergleichen** müßte strenggenommen die Prüfung so lange fortgesetzt werden, bis „**Durchgangskonstanz**" erreicht ist, d. h. bis in gleichen Zeiten stets

---

[1] In ähnlicher Weise wurde bei den neuesten Arbeiten des D. A. f. E. über Wasserdurchlässigkeit verfahren (H. 65 S. 18; Berlin: W. Ernst & Sohn 1931).

[2] Vgl. auch G. Merkle: Wasserdurchlässigkeit von Beton, S. 22ff. Berlin: Julius Springer 1927.

[3] Vgl. auch S. 52.

gleiche Wassermengen durch den Querschnitt gehen. Da dies —
wie andere Versuche zeigten, auf die wir in der erwähnten späteren
Arbeit noch zurückkommen werden — bei vielen Betonsorten
aber erst nach Wochen erreicht wird, kommt diese Methode für
Prüfungen in der Baupraxis kaum in Frage. — Eine andere
Möglichkeit der Auswertung wäre in der Mittelwertsbildung
aus dem Maximum und den Werten der beiden oder mehrerer
nachfolgenden Tage gegeben. Dabei würde auch der Selbst-
dichtung Rechnung getragen, die von uns, um einen weiteren
Sicherheitsfaktor zu haben, vernachlässigt worden ist. — Jedenfalls haben Mitteilungen wie: „die Prüfkörper (möglichst noch
ohne Angabe über ihre Dicke!) blieben bei $x$ Atm. Wasserdruck

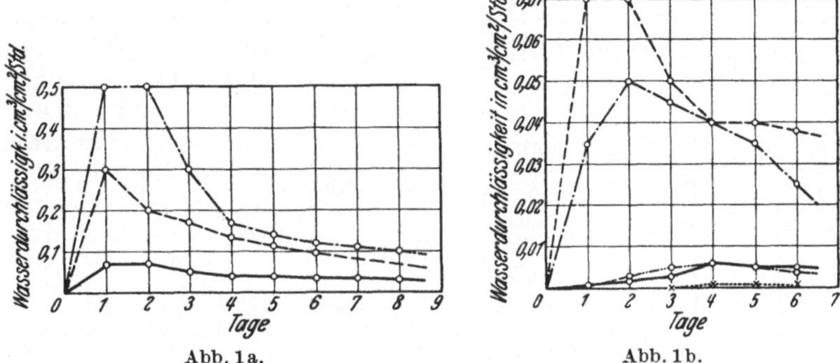

Abb. 1a.          Abb. 1b.

Kurven der Wasserdurchlässigkeit bei gleichbleibendem Druck.

während $y$ Tagen vollkommen undurchlässig" für vergleichende
Versuche wenig Wert; sie können nur für die Endglieder einer
Versuchsreihe gebraucht werden. — Da in dieser Frage nur eine
Übereinkunft, die durch entsprechende „Normung" festgelegt ist,
zum Ziele führt, erscheint es wünschenswert, daß sich bald eine
berufene Stelle — z. B. der Deutsche Ausschuß für Eisenbeton —
der Sache annimmt und Regeln schafft, nach denen brauch- und
vergleichbare Werte über die Wasserdurchlässigkeit von Beton
zu erhalten sind. Dringlich ist eine solche Normung, weil bereits
grundlegende Schlüsse aus Vergleichsversuchen gezogen werden
müssen, ohne daß ein nach allen Richtungen sichergestelltes Prüf-
system besteht[1].

Die in Zusammenstellung 1 verzeichneten Prüfungsergebnisse
für Druckfestigkeit und Wasserdurchlässigkeit sind in Abb. 2 in

_______

[1] Begrüßenswerte Vorschläge auf einem Teilgebiet (Dicke der Prüfkörper und Lagerungsart) werden neuerdings von Graf gemacht: D.A.f.E.
Heft 65, S. 21.

Abhängigkeit von dem Wasser-Zement-Faktor[1] graphisch dargestellt. Die Druckfestigkeitskurven ($A_1$, $B_1$) verlaufen in der bekannten Weise[1]. Die Kurven für die Wasserdurchlässigkeit ($A_2$, $B_2$) haben einen parabolischen Verlauf mit einer mehr oder weniger starken Krümmung in der Nähe des Scheitelpunktes. Die Stärke der Krümmung hängt offenbar sehr von der Zementsorte ab. **Die Bestwerte für die Wasserundurchlässigkeit liegen in einem verhältnismäßig kleinen Intervall der Werte für den Wasser-Zement-Faktor, das für** verschiedene Zementsorten verschieden groß ist.

Die in Zusammenstellung 1 genannten Zemente A und B, Portland-Jurament und Traßportland-Zement, waren für die Prüfungen zur Kiesauswahl verwendet worden, da sie nach vergleichenden „Versuchen zur Zementauswahl", über die im 2. Teil berichtet wird, in erster Linie für unsere Bauten in Frage kamen. Portland-Jurament enthielt 60%, der Traßportland-Zement 70% Portland-Klinker. Zur weiteren Charakterisierung diene nachstehende Gegenüberstellung.

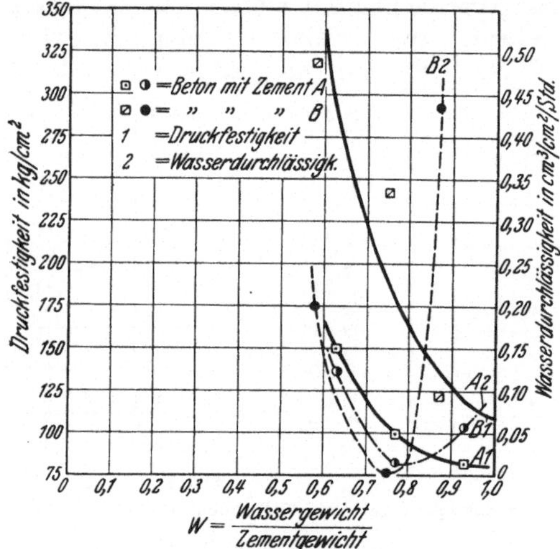


Abb. 2. Wasserdurchlässigkeit und Druckfestigkeit in Abhängigkeit vom Wasser-Zement-Faktor.

Auf Angabe der Normenfestigkeiten wird verzichtet, da sie keinen Maßstab für die Bewertung von Zement abgeben, der in plastischer oder gießfähiger Konsistenz verarbeitet werden soll[2].

---

[1] Vgl. O. Graf: Aufbau des Mörtels und des Betons. S. 6ff. Berlin: Julius Springer 1930. — W. Gehler: Erläuterungen zu den Eisenbetonbestimmungen, S. 67 und 68. Berlin: Ernst & Sohn 1927. — E. Rissel: Materialprüfungen im Rahmen der Baukontrolle. Beton u. Eisen 1929 S. 385. — Bei Berechnung des Wasser-Zement-Faktors ist — aus Gründen, auf die wir später eingehen — immer das Gewicht des Bindemittels nicht nur des in ihm enthaltenen Portlandklinkers im Nenner aufgeführt.

[2] Vgl. auch A. Agatz: Bewirtschaftung des Betons, S. 84, Abs. 2. Berlin: Julius Springer 1927.

Zum Vergleich der Druckfestigkeiten mögen die genannten Betonfestigkeiten dienen.

| Zementsorte | Portland-Jurament | | Traßportland-Zement | |
| --- | --- | --- | --- | --- |
| | 1. f. d. Vorversuche | | 2. f. d. Versuche mit plastischem Beton | |
| Mahlfeinheit % Rückstand auf 10000, 4900, 900 MS | 1. | 17,7; 5,2; 0,2 | 1. | 11,1; 2,4; 0,1 |
| | 2. | 14,1; 3,8; 0,1 | 2. | 6,9; 1,2; 0,1 |
| Raumgewicht kg/l eingefüllt | 1. | 0,94 | 1. | 0,86 |
| | 2. | 0,94 | 2. | 0,92 |
| Raumbeständigkeit[1] Koch-, Darr- und Normenprobe | 1. 2. | bestanden | 1. 2. | bestanden |
| Abbindezeiten, Std. Beginn, Dauer | 1. | $2^1/_2$; 10 | 1. | $3^1/_4$   $9^1/_4$ |
| | 2. | $2^3/_4$; $7^3/_4$ | 2. | $2^1/_4$   $6^3/_4$ |

# III. Versuche zur Kiesauswahl.

## A. Untersuchungen an plastischem Beton.

Bei Beginn dieser Untersuchungen konnte auf der Baustelle die Kornregulierung des Zuschlags nur durch Mischen verschiedener Mengen eines gröberen und eines feineren Kiessandes erfolgen. Das Verhältnis von Sand (unter 7 mm) zum Groben (7 bis 70 mm) war deshalb nur einigermaßen in festgelegten Grenzen zu halten[2]. Auf die Zusammensetzung des Sandes konnte keine Rücksicht genommen werden, weil eine Änderung der Kornzusammensetzung des Sandes aus wirtschaftlichen Gründen nicht in Frage kam. Dies war praktisch insofern unwesentlich, als der Sand beider zur Verfügung stehenden Kiese bei ziemlich hohem Gehalt an Feinsand einen verhältnismäßig gleichbleibenden Kornaufbau zeigte.

Die ersten Versuche galten daher zunächst nur der Ermittlung des besten Verhältnisses von Sand : Grobem.

---

[1] Vgl. dazu E. Rissel: Über die Bewertung der Kochprobe. Tonind.-Ztg. 1932 Nr. 18 S. 249.

[2] Bei der laufenden Lieferung von Kies — meist in Schiffsladungen — wurden von beiden Kiessorten Durchschnittsproben entnommen und gesiebt, nach denen dann das erforderliche Mischungsverhältnis berechnet wurde. Die meist eilig durchzuführenden Untersuchungen, die Differenzen daraus und aus dem nicht immer sofort sicher einspielenden veränderten Mischen der Kiese, brachten Unsicherheiten in die Durchführung, so daß die Kornzusammensetzung des Zuschlags nicht in dem gewünschten Maße konstant gehalten werden konnte.

Untersucht wurden die in Zusammenstellung 2 aufgeführten Mischungen. Die Zuschlagszusammensetzungen sind in Abb. 3 graphisch dargestellt. Die Prüfungsergebnisse finden sich in Zusammenstellung 3 und sind in Abb. 4a eingezeichnet.

Die „Sieblinien“ der Abb. 3 sind in der damals hier üblichen Weise aufgetragen, indem der Durchgang durch das 7-mm-Sieb = 100 % gesetzt ist. Diese Art der Darstellung hat den Vorteil, daß das Verhältnis von Sand : Grobem — auf das es damals

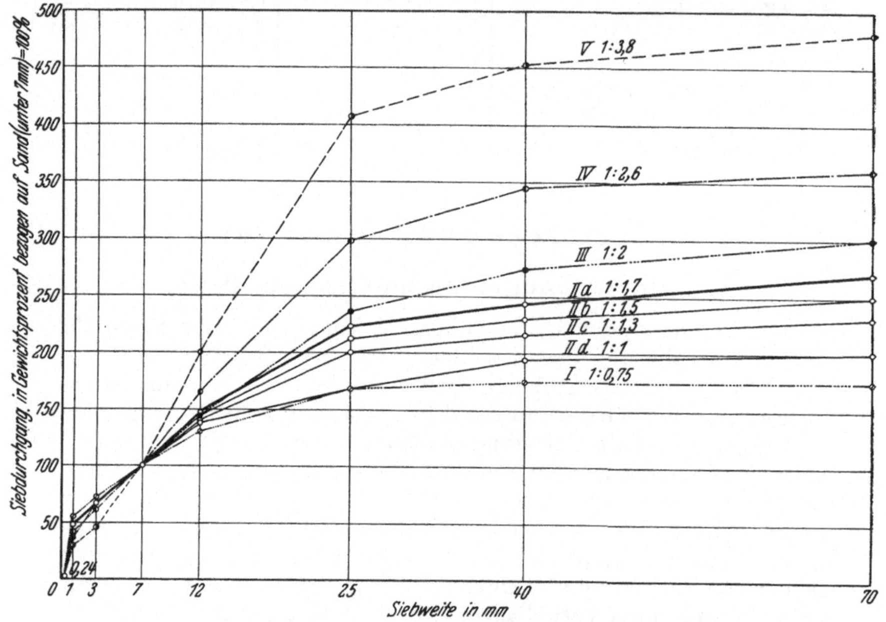

Abb. 3. Kornzusammensetzung des Zuschlags.

hauptsächlich ankam — sofort aus der Zeichnung abgelesen werden kann und daß sie sowohl die Kornzusammensetzung des Groben als auch des zugehörigen Sandes — dessen, in gewissen Grenzen, gleichbleibende Zusammensetzung ebenfalls kontrolliert werden sollte — sofort erkennen läßt. Für Vergleiche mit anderen Arbeiten sind die Kornabstufungen der Zusammenstellung 2 zu entnehmen.

Die verwendeten Kieszusammensetzungen waren solchen, die bei der Kontrolle der Zuschlagslieferungen gefunden worden sind, nachgebildet. Dadurch ist eine bei streng wissenschaftlichen Vergleichen zu beachtende Versuchsbedingung — stets gleiche Sand-

Zusammenstellung 2. Zusammensetzung der untersuchten Betonmischungen.

| 1 | 2 | 3 | | | | | | | | 4 | 5 | 6 | | | | | | | | 7 | | | |
|---|---|---|---|---|---|---|---|---|---|---|---|---|---|---|---|---|---|---|---|---|---|---|---|
| | | Vom gesamten **Zuschlag** fielen durch Sieb mit | | | | | | | | | | Vom **trockenen Beton** (Zuschlag) fielen durch Sieb mit | | | | | | | | Vom **Mörtel**[3] (Sand) fielen durch Sieb mit | | | |
| Kurve | S : Gr[1] | Maschenweite | Lochdurchmesser | | | | | | | Zementmenge[2] | Mörtelgehalt | Maschenweite | Lochdurchmesser | | | | | | | Maschenweite | Lochdurchmesser | | |
| | | 0,2 | 1 | 3 | 7 | 12 | 25 | 40 | 70 | kg/m³ | % | 0,2 | 1 | 3 | 7 | 12 | 25 | 40 | 70 | 0,2 | 1 | 3 | 7 |
| I | 1:0,75 | 2,5 | 55 | 72 | **100** | 130 | 168 | 176 | 176 | A 197 / B 193 | 61 | 10,4 (1,4) | 37 (31) | 46 (41) | 61 (57) | 76 (74) | 96 (96) | 100 (100) | **100 (100)** | 17 (2,5) | **61** (55) | 75 (72) | 100 (100) |
| IId | 1:1 | 3 | 48 | 67 | **100** | 135 | 168 | 194 | 201 | A — / B 209 | 55 | 10,5 (1,5) | 31 (24) | 39 (33) | 55 (50) | 70 (67) | 85 (83) | 97 (97) | **100 (100)** | 19 (3) | **56** (48) | 71 (67) | 100 (100) |
| IIc | 1:1,3 | 3 | 48 | 67 | **100** | 140 | 200 | 216 | 231 | A — / B 208 | 48 | 10,3 (1,3) | 28 (21) | 36 (29) | 48 (43) | 65 (61) | 88 (87) | 94 (93) | **100 (100)** | 22 (3) | **58** (48) | 75 (67) | 100 (100) |
| IIb | 1:1,5 | 3 | 48 | 67 | **100** | 144 | 212 | 230 | 251 | A — / B 207 | 45 | 10,2 (1,2) | 26 (19) | 34 (27) | 45 (40) | 61 (57) | 86 (85) | 93 (92) | **100 (100)** | 23 (3) | **58** (48) | 75 (67) | 100 (100) |
| IIa | 1:1,7 | 3 | 48 | 67 | **100** | 148 | 222 | 243 | 270 | A 207 / B 198 | 43 | 10,1 (1,1) | 25 (18) | 32 (25) | 43 (37) | 59 (55) | 84 (82) | 91 (90) | **100 (100)** | 24 (3) | **58** (48) | 75 (67) | 100 (100) |
| III | 1:2 | 0,75 | 37 | 67 | **100** | 144 | 236 | 273 | 300 | A 211 / B 208 | 39 | 9,3 (0,25) | 20 (12) | 29 (22) | 39 (33) | 53 (48) | 81 (79) | 92 (91) | **100 (100)** | 24 (0,75) | **51** (37) | 74 (67) | 100 (100) |
| IV | 1:2,6 | 3,8 | 43 | 60 | **100** | 165 | 298 | 345 | 363 | A 206 / B 207 | 35 | 10,1 (1,1) | 20 (12) | 25 (17) | 35 (28) | 51 (46) | 84 (82) | 95 (95) | **100 (100)** | 29 (3,8) | **57** (43) | 68 (60) | 100 (100) |
| V | 1:3.8 | 3,5 | 30 | 46 | **100** | 202 | 407 | 453 | 482 | A 196 / B 196 | 28 | 9,7 (0,7) | 15 (6) | 18 (10) | 28 (21) | 47 (42) | 86 (85) | 95 (94) | **100 (100)** | 35 (3,5) | **54** (30) | 64 (46) | 100 (100) |

[1] Für S : Gr ist als Bezeichnung immer eine runde Zahl gewählt: z. B. statt 1 : 0,76 wurde 1 : 0,75 gesetzt. Die tatsächlich vorhandenen geringen Abweichungen sind aus Spalte 3 ersichtlich.

[2] Gemischt wurden 1 : 10 Gewt.

[3] Als Zement ist das gesamte Bindemittel gerechnet, also Portlandklinker + hydraulischer Zuschlag. Neben rein praktischen Gründen waren besondere Beobachtungen an Traßportland-Zement, auf die im 2. Teil dieser Arbeit näher eingegangen wird, hierfür bestimmend.

### Zusammenstellung 3. Wasserdurchlässigkeit und Druckfestigkeit

| 1 | 2 | 3 | 4 | 5 | 6 | 7 |
|---|---|---|---|---|---|---|
| Kieskurve | S : Gr. | Zement-sorte | Wasser-gehalt Gew. % | Wasser-Zement-Faktor | Konsistenz Setzmaß $s$ Ausbreitmaß $a$ cm | Zement-menge[1] kg/m³ |
| I | 1 : 0,75 | A (Nr. 596) | 8,90 | 0,97 | $s = 3$ $a = $ zerf.[5] | 197 |
| | | B (Nr. 616) | 8,65 | 0,95 | $s = 1$ $a = $ zerf. | 193 |
| II d | 1 : 1 | A | nicht ausgeführt | | | |
| | | B | 7,50 | 0,80 | $s = 2,5$ $a = $ zerf. | 209 |
| II c | 1 : 1,3 | A | nicht ausgeführt | | | |
| | | B | 7,10 | 0,77 | $s = 1,5$ $a = $ zerf. | 208 |
| II b | 1 : 1,5 | A | nicht ausgeführt | | | |
| | | B | 6,95 | 0,76 | $s = 2,5$ $a = 40$ | 207 |
| II a | 1 : 1,7 | A | 7,25 | 0,79 | $s = 2$ $a = $ zerf. | 207 |
| | | B | 6,75 | 0,75 | $s = 2$ $a = 44$ | 198 |
| III | 1 : 2 | A | 7,10 | 0,77 | $s = 1$ $a = $ zerf. | 211 |
| | | B | 6,55 | 0,72 | $s = 2$ $a = 47$ | 208 |
| IV | 1 : 2.6 | A[6] | 6,70 | 0,73 | $s = 0,5$ $a = $ zerf. | 206 |
| | | B | 6,72 | 0,74 | $s = $ zerf. $a = 49$ | 207 |
| V | 1 : 3,8 | A | 6,34 | 0,69 | $s = $ zerf. $a = $ zerf. | 196 |
| | | B | 5,96 | 0,68 | $s = $ zerf. $a = 48$ | 196 |

[1] Die Zementmenge pro Kubikmeter ist nicht aus dem Raumgewicht des Betons errechnet, sondern wurde durch Ausmessen der ganzen Mischung bestimmt. (Vgl. Beton u. Eisen 1929 S. 386).

[2] Mittelwerte von meist 3 Stück 20-cm-Würfeln bei der Druckfestigkeit; bei der Wasserdurchlässigkeit: Mittelwerte aus 3 Scheiben von 20 cm und 2 Scheiben von 10 cm D i c k e.

[3] Der Prüftermin konnte infolge anfänglichen Apparatemangels nicht immer auf den Tag eingehalten werden; ein Teil der 10-cm-Scheiben konnte sogar erst im Alter von 2 bis 3 Monaten geprüft werden. Daher sind z. B. die Werte für 10-cm-Scheiben bei III und IV niedriger als diejenigen für 20-cm-Scheiben.

[4] „Gesamtmittel" = Mittelwert aus Spalte 9. „Gesamtmittel" wurde hier an Stelle einer exakteren Bezeichnung, wie etwa „Durchlässigkeitsziffer" oder „Durchlässigkeitswert", gewählt, um keine Verwirrungen hervorzurufen; denn Bezeichnungen wie die letzteren werden voraussichtlich nach erfolgter „Normung der Wasserdurchlässigkeitsprüfung" einen Bestandteil der offiziellen Nomenklatur bilden.

der Betonmischungen mit verschiedenem Sandgehalt.

| 8 | | 9 | 10 | 11 |
|---|---|---|---|---|
| Druckfestigkeit [Raumgewicht kg/m³] nach 28 Tagen Mittelwerte² kg/cm² | Dicke der Scheiben cm | Wasserdurchlässigkeit nach rund 28 Tagen³ Mittelwerte² cm³/cm²/Std. | „Gesamtmittel"⁴ cm³/cm²/Std. | Bemerkungen |
| **93** [2250] | **20** | **0,0532** | **0,0641** | Wasser-Zement-Faktor $= \dfrac{\text{Wassergewicht}}{\text{Zementgewicht}}$ |
| | 10 | 0,0750 | | |
| **182** [2240] | **20** | **0,0045** | **0,0061** | |
| | 10 | 0,0078 | | |
| nicht ausgeführt | | | | |
| **245** [2325] | **20** | **0,0012** | **0,0019** | Zeichen-erklärung: |
| | 10 | 0,0027 | | ∅ = nichts, d. h. vollkommen undurchlässig, keine feuchten Stellen. |
| nicht ausgeführt | | | | |
| **286** [2350] | **20** | **∅** | **0,0005** | 0 = nicht meßbar (meist keine Tropfenbil-dung, aber feuchte Stel-len). |
| | 10 | 0,0009 | | |
| nicht ausgeführt | | | | |
| **270** [2335] | **20** | **∅** | **0,0016** | ∞ = unendl. durch-lässig, d. h. Wasser schießt wie durch ein Sieb durch den Betonkörper. |
| | 10 | 0,0031 | | |
| **160** [2375] | **20** | **0,0062** | **0,0118** | |
| | 10 | 0,0173 | | |
| **280** [2350] | **20** | **∅** | **∅** | |
| | 10 | ∅ | | |
| **150** [2355] | **20** | **0,0135** | **0,123** | |
| | 10 | 0,233 | | |
| **304** [2365] | **20** | **0,0041** | **0,0022** | |
| | 10 | 0,0002 | | |
| **134** [2350] | **20** | **[0,05]** | **[0,5]** | [ ] = geschätzt nach den Ergebnis-sen, die zur Mittelwerts-bildung unge-eignet waren, und dem Ver-lauf der Kur-ven. |
| | 10 | ∞ | | |
| **230** [2375] | **20** | **[0,008]** | **[0,004]** | |
| | 10 | 0,0004 | | |
| **102** [2280] | **20** | **∞** | **∞** | |
| | 10 | ∞ | | |
| **202** [2255] | **20** | **∞** | **∞** | |
| | 10 | ∞ | | |

[5] Das Ausbreitmaß wurde bei Beton, der beim Rütteln „zerfiel", zunächst nicht gemessen. Später wurde das Maß festgestellt, um Anhaltspunkte für die Beurteilung dieser Konsistenzmeßmethode zu erhalten. Die Versuche bestätigten die bereits früher (Beton u. Eisen 1929 S. 385) festgehaltenen Erfahrungen. Die Ausbreitmethode lieferte für magere Mischungen, zu denen grober Kies (über etwa 30 mm) verwendet wurde, keine sicheren Werte. — Zur Kontrolle der Konsistenz plastischen Betons wurde die Faustregel aus den Best. d. D. A. f. E. benützt: Die Ränder der Stampfstellen dürfen erst nach einigen Minuten verlaufen. Diese Regel kommt im genannten Falle nach unseren Erfahrungen dem Messen von Setz- und Ausbreitmaß an Wert gleich. — Die Verwendung eines größeren Setztrichters, wie er zu anderen Versuchen gebraucht wurde (Zement 1932 Nr. 8 S. 113), brachte keine wesentliche Besserung.

[6] Versuchsreihe wiederholt; von Spalte 7 ab Mittelwerte aus beiden Reihen.

zusammensetzung — nicht eingehalten. Dies geschah absichtlich,
da wir — in innigster Anlehnung an die auf dem Bau vorhandenen Verhältnisse — möglichst viele der angelieferten Kiese, also
auch diejenigen, deren Kornzusammensetzung gelegentlich stark
von der üblichen abwich, in die Untersuchungen einbeziehen
wollten. Nur bei den Kiesen II b÷d sind wir von diesem Grund-
satz abgegangen. Diese wurden erst später in der Versuchsreihe

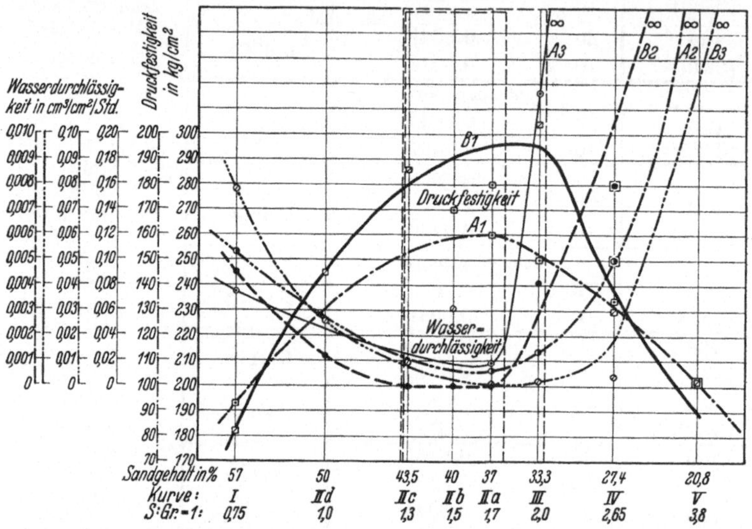


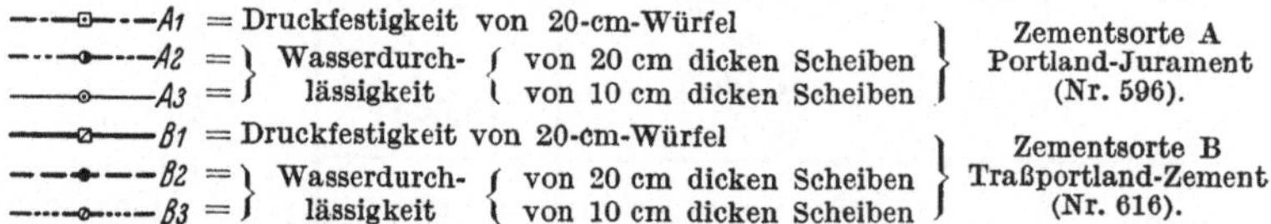

| Sandgehalt in% | 57 | 50 | 43,5 | 40 | 37 | 33,3 | 27,4 | 20,8 |
|---|---|---|---|---|---|---|---|---|
| Kurve: | I | IId | IIc | IIb | IIa | III | IV | V |
| S:Gr.=1: | 0,75 | 1,0 | 1,3 | 1,5 | 1,7 | 2,0 | 2,65 | 3,8 |

Abb. 4a. Wasserdurchlässigkeit und Druckfestigkeit in Abhängigkeit vom Sandgehalt des
Zuschlags, ohne Berücksichtigung der Kornzusammensetzung des Sandes.

| | | | | |
|---|---|---|---|---|
| —·—□—·— A1 | = Druckfestigkeit von 20-cm-Würfel | | | Zementsorte A |
| —·—●—·— A2 | = } Wasserdurch- | { von 20 cm dicken Scheiben | } | Portland-Jurament |
| ———○——— A3 | = } lässigkeit | { von 10 cm dicken Scheiben | | (Nr. 596). |
| ———▣——— B1 | = Druckfestigkeit von 20-cm-Würfel | | | Zementsorte B |
| —·—◆—·— B2 | = } Wasserdurch- | { von 20 cm dicken Scheiben | } | Traßportland-Zement |
| —·—○—·— B3 | = } lässigkeit | { von 10 cm dicken Scheiben | | (Nr. 616). |

mit Traßportland-Zement zur engeren Einkreisung des nach den
vorhergehenden Versuchen mit Portland-Jurament gefundenen
„Gebietes bester Kornzusammensetzung" geprüft, nachdem aus
der Versuchsreihe mit Portland-Jurament ersichtlich war, daß die
zwischen 1:1,7 und 1:0,75 liegenden Körnungen noch gute
Werte für Wasserundurchlässigkeit und Druckfestigkeit liefern
würden. Da in der Zwischenzeit durch die Kontrollen des ge-
lieferten Kieses festgestellt worden war, daß die Sandzusammensetzung der meisten Kieslieferungen sich ziemlich eng an die
Sand-Sieb-Linie des Kieses IIa anschloß, d. h. daß diese Sand-

körnung als guter Mittelwert für die gesamten Lieferungen zu
betrachten war, wurde für die Kurven IIb÷d die gleiche Sandzusammensetzung wie für die Kurve IIa verwendet.

Trotz des erwähnten Außerachtlassens einer Versuchsbedingung
dürfen die gefundenen Prüfungsergebnisse jeder Versuchsreihe bei
der graphischen Auswertung zu Kurven vereinigt werden, wie dies
in Abb. 4a geschehen ist. Bei dieser Abbildung ist zu beachten,
daß nur die Abszisse allen Kurven gemeinsam ist, während die
Ordinaten in verschiedenem Maßstab aufgetragen wurden, daß
also — des besseren Überblicks wegen — die Kurven näher

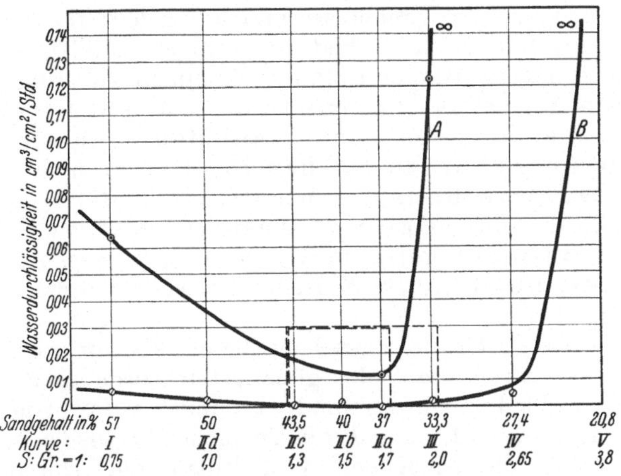


Abb. 4b. Wasserdurchlässigkeit in Abhängigkeit vom Sandgehalt des Zuschlags.
(Werte der Rubrik 10 von Zusammenstellung 3.)

zusammengezeichnet sind, als es bei einheitlichem Ordinaten-
maßstab möglich wäre.

Abb. 4a lehrt, daß die für den genannten Zweck — Wasserbau
in aggressivem Wasser[1] — erforderliche Betonqualität bei einem
Sand-Grob-Verhältnis des Zuschlags von 1:1,3 bis 1:2
und plastischer Konsistenz des Betons erhalten wird, da in
diesem Bereich die Bestwerte für Wasserundurchlässigkeit und Druckfestigkeit liegen. Aus der Abb. 4a ist aber
auch zu ersehen, daß die Betongüte, als deren Maßstab die beiden
vorgenannten Eigenschaften gelten, beim Überschreiten des
Sand-Grob-Verhältnisses 1:2 sehr rasch, beim Unter-

---

[1] Analysen der in Frage kommenden Wässer sind im 2. Teil dieser
Arbeit angegeben (S. 61).

schreiten des Sand-Grob-Verhältnisses 1 : 1,3 aber verhältnismäßig langsam zurückgeht. Dieser verschieden starke Rückgang kommt noch schärfer zum Ausdruck, wenn man die Wasserdurchlässigkeit allein darstellt, wie es in Abb. 4b geschehen ist.

Da das eben Ausgeführte lehrte, daß es für die Praxis sicherer ist, mit Kiesen zu arbeiten, die mehr als 37 % Sand enthalten, wurde für den Bau ein Sand-Grob-Verhältnis von 1 : 1,7 mit einer Toleranz bis 1 : 1,3 vorgeschrieben. Mit sandarmen Kiesen mögen bei sorgfältigster Verarbeitung im Laboratorium und bei viel größerer Stampfarbeit, als sie je auf einem Bau dauernd (!) geleistet wird, bessere Ergebnisse erzielt werden; für die Praxis aber ist die Gefahr in das Gebiet mit weniger als 33 % Sand und damit zu geringerwertigem Beton zu kommen zu groß, als daß darauf nicht Rücksicht zu nehmen wäre. — Die Bereitung und die Verarbeitung des Betons auf dem Bau sind doch stets die unbekannten Größen in allen Spekulationen und Vorausberechnungen hinsichtlich der Güte des Bauwerksbetons. Unserer Ansicht nach wird dies immer noch nicht genügend gewürdigt, besonders bei der Nutzanwendung von Laboratoriumsversuchen in der Praxis!

Ebenso wie durch die vorstehend beschriebenen „praktischen Versuche" die Frage nach der günstigsten Zuschlagszusammensetzung entschieden wurde, fand ein anderes Problem — für unseren Fall — seine Lösung durch Versuche, die wieder in engster Anlehnung an die gegebenen Verhältnisse zur Durchführung kamen: Die Frage, ob der lehmhaltige Neckarkies vor der Verarbeitung gewaschen werden müsse. Über die diesbezüglichen Untersuchungen ist bereits berichtet worden[1]. Die Ergebnisse führten dazu, den Kies zu waschen, da langfristige Prüfungen fehlten, die über das spätere Verhalten von Beton mit lehmhaltigem Neckarkies Auskunft gegeben hätten.

Diese Prüfungen wurden mit Portland-Zement durchgeführt, da dieser die Grundsubstanz der von uns verwendeten Mischzemente, Portland-Jurament und Traßportland-Zement, darstellt, und es uns mehr auf eine relative Feststellung der Einwirkung des Lehms ankam.

**Prüfungsergebnisse von plastischem Bauwerksbeton.** Die aus den Versuchen gewonnenen Erkenntnisse führten zu entsprechen-

---

[1] E. Rissel: Zur Frage der Verwendbarkeit lehm- oder tonhaltiger Kiese für Beton. Zement 1932 Nr. 8 S. 111.

den Richtlinien für die Baustellen. Über die Qualität des danach in der Praxis erzielten Betons gibt Abb. 5 Auskunft.

In Abb. 5 sind alle Werte für die Wasserdurchlässigkeit und Würfelfestigkeit nach 28 Tagen eingetragen, welche mit dem „Mischungsverhältnis 1 : 7" bei zwei Staustufen gefunden wurden. Mit „Mischungsverhältnis 1 : 7" wird hier ein Beton bezeichnet, der 225 kg Bindemittel pro Kubikmeter enthält. Bei den von uns verwendeten Mischzementen bedeutet dies einen Gehalt an Portland-Zement von rund 160 kg/m³, d. h. der Beton hatte nach der landläufigen Bezeichnung etwa ein „Mischungsverhältnis 1 : 10"[1].

Bei der Kontrolle des Bauwerkbetons wurde besonderer Wert auf die Wasserdurchlässigkeitsprüfung gelegt. Die Prüfkörper hierfür wurden laufend, d. h. 2÷3mal wöchentlich, auf jeder Baustelle, zugleich mit den Würfeln für die Druckfestigkeitsprüfung, ohne vorherige Benachrichtigung der bauausführenden Firmen, gefertigt. Die Prüfungsergebnisse geben also ein gutes Bild der Qualität des im Bauwerk verarbeiteten Betons. Die laufende Prüfung auf Wasserdurchlässigkeit wurde unseres Wissens nach hier zum ersten Male durchgeführt. Es sind deshalb in Abb. 5 alle Einzelwerte sowohl für die Würfelfestigkeit als auch für die Wasserdurchlässigkeit eingezeichnet. Die Werte der aus einer Mischung entnommenen Proben sind jeweils durch gestrichelte Linien zusammengefaßt.

Die Werte für die Wasserdurchlässigkeit der 20 cm dicken Scheiben liegen mit Ausnahme einiger weniger guten Ergebnisse, die zur Zeit des Baubeginns gefunden wurden, fast durchweg bei Null, d. h. die Körper ließen während einer meist 8÷10tägigen Prüfung mit 1,3 Atm. Wasserdruck kein Wasser durch. Sämtliche mit Traßportland-Zement (Trapo) hergestellten Scheiben, auch die nur 10 cm dicken, waren — mit einer Ausnahme — wasserundurchlässig.

Die Werte für Beton aus Traßportland-Zement sind in Abb. 5 durch Doppelkreise kenntlich gemacht und durch einen gestrichelten Linienzug eingefaßt. Bei allen übrigen Angaben handelt es sich um Beton aus Portland-Jurament.

---

[1] Die Bezeichnung einer Mischung nach Raumteilen wird hier nur noch der Kürze halber gebraucht. In Wirklichkeit hat sie ihren Inhalt verloren. Mit den von uns verwendeten Zementen ($R_j$ = rund 0,9) werden z. B. für „M.-V. 1 : 7" etwa 1 : 5,5 Rtl. erhalten. — Der Zementgehalt pro Kubikmeter fertigen Betons ist nach unserer Ansicht der für Praxis und Versuch einzig richtige Maßstab. Das „Vormessen" nach Raum- oder Gewichtsteilen kann nur als Hilfsmaß zur Erlangung der richtigen Zementmenge im fertigen Beton gelten.

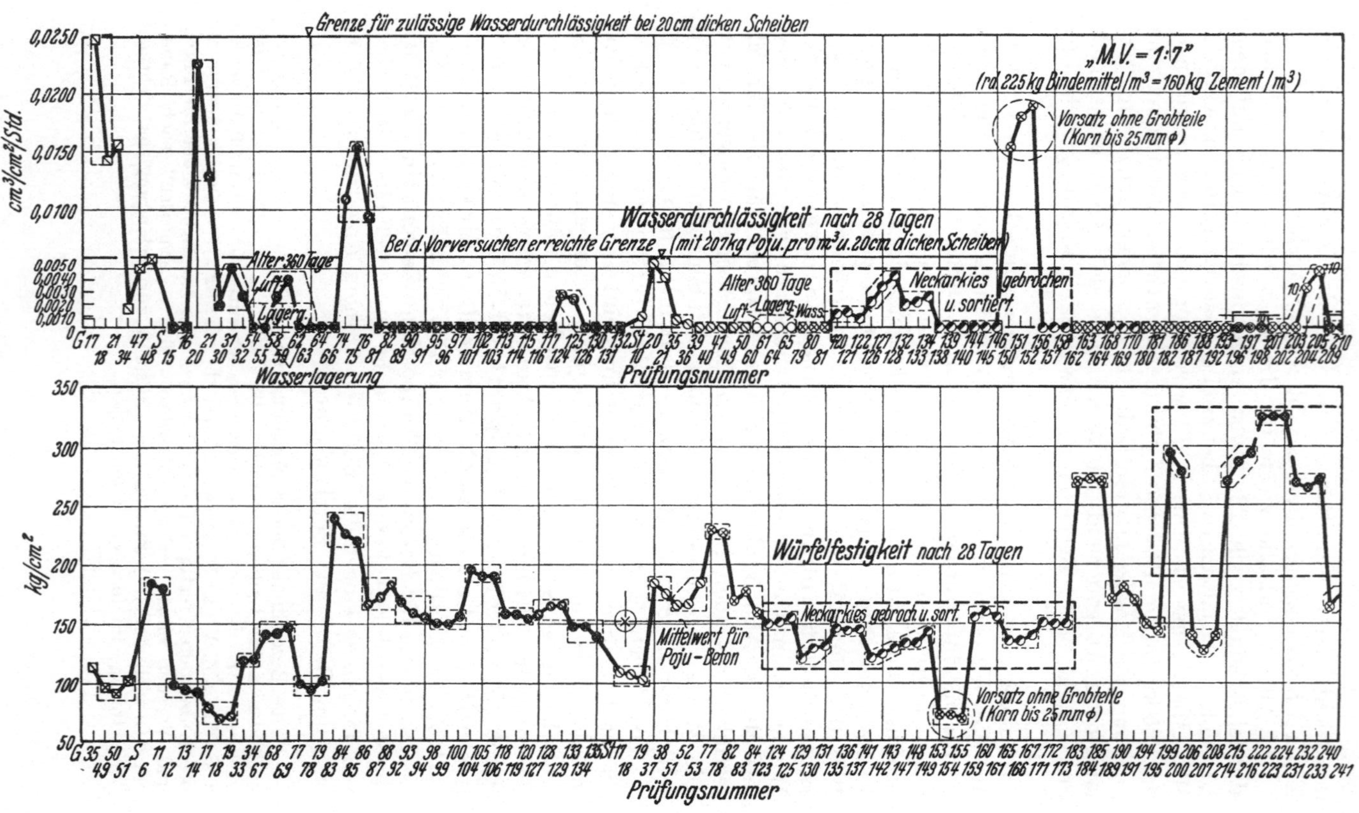
Grenze für zulässige Wasserdurchlässigkeit bei 20 cm dicken Scheiben
„M.V. = 1:7"
(rd. 225 kg Bindemittel /m³ = 160 kg Zement /m³)
Vorsatz ohne Grobteile
(Korn bis 25 mm φ)
Wasserdurchlässigkeit nach 28 Tagen
Bei d. Vorversuchen erreichte Grenze (mit 207 kg Poju. pro m³ u. 20 cm dicken Scheiben)
Alter 360 Tage
Luft
Lagerg.
Alter 360 Tage
Luft Lagerg. Wass.
Neckarkies gebrochen
u. sortiert.
cm³/cm²/Std.
Wasserlagerung
Prüfungsnummer
G 17 21 47 S 16 21 31 54 58 64 64 74 76 82 90 95 97 102 113 115 117 125 130 132 St 20 35 39 41 50 61 65 80 120 122 127 132 134 139 144 146 151 156 159 163 168 170 181 186 188 193 191 201 203 205 210
18 34 48 15 20 30 32 55 59 63 66 75 81 89 91 96 101 103 114 116 124 126 131 10 21 36 40 49 60 64 79 81 121 126 128 133 138 140 145 150 152 157 162 164 169 180 182 187 192 196 198 202 204 209
Würfelfestigkeit nach 28 Tagen
Mittelwert für
Poju – Beton
Neckarkies gebroch. u. sort.
Vorsatz ohne Grobteile
(Korn bis 25 mm φ)
kg/cm²
G 35 50 S 11 13 17 19 34 68 77 79 84 86 88 93 98 100 105 118 120 128 133 135 St 17 19 38 52 77 82 84 124 129 131 136 141 143 148 153 155 160 165 167 172 183 185 190 194 199 206 208 215 222 224 232 240
49 51 6 12 14 18 33 67 69 78 83 85 87 92 94 99 104 106 119 127 129 134 18 37 51 53 78 83 123 125 130 135 137 142 147 149 154 159 161 166 171 173 184 189 191 195 200 207 214 216 223 231 233 241
Prüfungsnummer

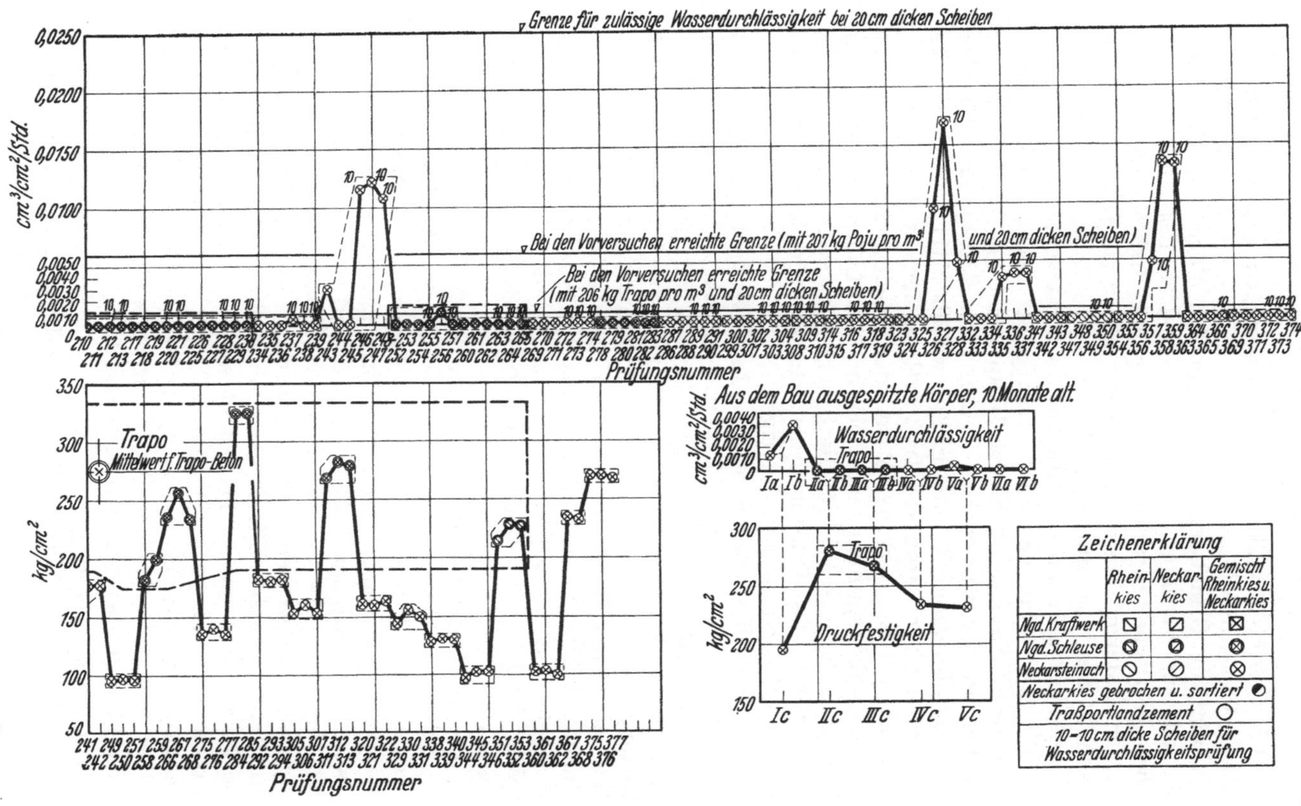


Abb. 5. Prüfungsergebnisse von plastischem Bauwerksbeton.

Die in Abb. 5 und 10 eingezeichnete „Grenzlinie für die zulässige Wasserdurchlässigkeit von 20 cm dicken Scheiben“ war auf spekulativer Grundlage vor Beginn des Baues an Hand der damals zur Verfügung stehenden Versuche festgelegt worden. Diese Festlegung beruhte auf Überlegungen und Schätzungen, auf die im Rahmen dieser Arbeit nicht näher eingegangen werden kann. Gesagt sei nur, daß wir im Verlaufe des Baues unsere Güteforderungen um ein Erhebliches heraufschraubten.

Die Werte für die Würfelfestigkeit liegen für Beton aus Portland-Jurament in der Hauptsache um 150 kg/cm², für solchen aus Traßportland-Zement um 250 kg/cm². Für den Portland-Jurament-Beton erhielten wir als Mittel aller Werte 153 kg/cm², für Beton aus Traßportland-Zement 276 kg/cm².

Auch bei Bauwerksbeton sind die Scheiben für die Wasserdurchlässigkeitsprüfung entsprechend den früher beschriebenen Richtlinien[1], die Würfel für die Druckfestigkeitsprüfung nach den Vorschriften des Deutschen Ausschusses für Eisenbeton, Abschnitt D, hergestellt und gelagert.

Die Würfelfestigkeiten streuen teilweise sehr, was auf nicht richtig zusammengesetzten Zuschlag zurückzuführen ist. Durch die Baukontrolle wurde festgestellt, daß nur 50% aller Kiesmischungen ein Sand-Grob-Verhältnis von 1:1,3 bis 1:1,7 hatten, solange die geforderte Kornzusammensetzung durch Mischen zweier Kiessorten erhalten werden sollte. Diese Feststellung führte dazu, daß zunächst ein Großversuch auf der Baustelle mit sortiertem Material angestellt und daß bei den später ausgeführten Bauten nur sortiertes Material verwendet wurde.

Die Prüfungsergebnisse mit sortiertem Zuschlag sind in Abb. 5 besonders bezeichnet und zusammengefaßt. Die Würfelfestigkeiten streuen nur noch zwischen 120 und 160 kg/cm². Die Wasserdurchlässigkeit der ersten Körper mit sortiertem Material liegt allerdings etwas über Null, doch dürfte dies darauf zurückzuführen sein, daß der Transport von der Bau- zur Prüfstelle zu früh erfolgte. Normalerweise werden die Prüfkörper im Alter von 14 Tagen zur Prüfstelle gebracht. Die ersten Proben mit sortiertem Material, die kurz hintereinander hergestellt worden waren, sind dagegen bereits im Alter von 4, 6 und 8 Tagen transportiert worden. Derartige Einflüsse machen sich, wie für einen anderen Fall schon früher erläutert[2], bei der Wasserdurchlässigkeitsprüfung stärker bemerkbar als bei der Würfelfestigkeit.

---

[1] Vgl. Fußnote 2, S. 2.
[2] E. Rissel: Zur Frage der Zementfeinmahlung. Zement 1930 S. 1079.

Schwankungen der Betongüte bei sortiertem Material finden im übrigen meist ihre Erklärung in dem bei gleicher Konsistenz verschiedenen Wassergehalt der Mischungen, der wiederum durch den verschiedenen Feuchtigkeitsgehalt des Kieses bedingt ist.

Aus der Abb. 5 darf andererseits nicht geschlossen werden, daß die Wasserdurchlässigkeit aller Proben, die bei Null liegen, gleich ist. Hier liegt ein praktisches Beispiel für das auf S. 5 Gesagte vor: für Vergleichsversuche hätten diese Prüfungsergebnisse wenig Wert. Solche Versuche müßten so durchgeführt werden, daß die Unterschiede, welche in der Wasserdurchlässigkeit der einzelnen Proben sicher bestehen — die verschiedene Festigkeit lehrt dies — zum Ausdruck kämen, d. h. entweder müßten die Platten dünner hergestellt (zersägt) oder der Wasserdruck erhöht[1] werden, bis meßbare Mengen Wasser, natürlich unter für alle Scheiben gleichen Bedingungen, durchgingen. Für Kontrollprüfungen, wie die in Abb. 5 festgehaltenen, ist dies bedeutungslos. Hier heißt die Forderung: möglichst viele oder alle Scheiben sollen vollkommen undurchlässig sein.

Abb. 6. Aus dem Bauwerk ausgespitzter Beton, für die Prüfung auf Wasserdurchlässigkeit hergerichtet.

Auf Abb. 5 finden sich weiterhin die Untersuchungsergebnisse von Beton, der im Alter von etwa 5 Monaten aus dem Bauwerk ausgespitzt, zersägt und im Alter von 10 Monaten geprüft wurde. Es waren insgesamt 6 größere Blöcke angeliefert worden. Aus ihnen wurden je 2 Platten von 20 cm Dicke für die Wasserdurchlässigkeitsprüfung[2] und — mit Ausnahme eines kleineren Blockes, der nur für 2 Platten ausreichte — 1 Würfel von 30 cm Kantenlänge herausgesägt. Die Bauwerksfestigkeit nach 10 Monaten betrug bei Beton aus Portland-Jurament im Mittel 220 kg/cm², bei solchem aus Traßportland-Zement 274 kg/cm². Diese Festigkeiten können mit den Würfelfestigkeiten nach 28 Tagen nicht in unmittelbare Beziehung gesetzt werden,

---

[1] Vorausgesetzt, daß dies im gewünschten Sinne sich auswirkt, was noch nicht eindeutig bewiesen ist.

[2] Vgl. Abb. 6.

weil die Körper auf der Steinsäge infolge plötzlichen Frosteintrittes für mehrere Wochen eingefroren waren.

Der 10 Monate alte Bauwerksbeton aus Traßportland-Zement war in 20 cm Plattenstärke vollkommen wasserundurchlässig, bei Bauwerksbeton aus Portland-Jurament zeigte die Mehrzahl der geprüften Körper ebenfalls vollkommene Wasserundurchlässigkeit.

## B. Untersuchungen an gießfähigem Beton.

Die Gesamtbeurteilung des nach den aufgestellten Richtlinien erzielten plastischen Bauwerkbetons geht dahin, daß der Beton nach 28 Tagen schon in 10 bis 20 cm dicken Schichten praktisch wasserundurchlässig ist und eine Mindestdruckfestigkeit von 100 kg/cm² aufweist, welche die tatsächliche Beanspruchung zuzüglich Sicherheitszuschlag um ein Vielfaches übersteigt, daß also die erforderliche Betongüte sicher erreicht worden ist.

Der Beton als solcher entsprach demnach den Güteforderungen; am Bauwerk aber zeigten sich gewisse Mängel in Form der — bei Verwendung von Beton, welcher zum „Fertigmachen" gestampft werden muß, unvermeidlichen — Schichtfugen.

Die Güte des gestampften Bauwerkbetons wird sehr gemindert durch Niederschläge, welche während der Verarbeitung niedergehen. Das auf die Betonoberfläche fallende Regenwasser wäscht in Verbindung mit dem Stampfen das Bindemittel aus, so daß bindemittelarme und undichte Schichten entstehen, welche das Bauwerk schädigen. Auch ist gestampfter Beton, gleichgültig in welcher Konsistenz er verarbeitet wird, stets sehr empfindlich gegen Arbeitsfehler, insbesondere gegen mangelhaftes Stampfen. Die Betongüte hängt also wesentlich von der Sorgfalt des „einzelnen Mannes in der Schalung" ab. Da diese Sorgfalt aber in verschiedenem Maße aufgewendet wird — sie läßt vor allem bei schlechtem Wetter und bei Nachtarbeit stark nach —, wird mit gestampftem Beton nie die nämliche Gleichmäßigkeit in der Qualität erzielt werden können wie mit einem Beton, bei welchem der gute Wille des einzelnen Mannes ohne größeren Einfluß bleibt.

Ein in dieser Beziehung unempfindlicherer Beton konnte durch Übergang zum gießfähigen „Rührbeton" erhalten werden, d. h. durch Verwendung eines Betons, der durch Gießrinnen zu fördern und durch möglichst wenig Rührarbeit fertig zu machen ist. Der Übergang von plastischem zu gießfähigem Beton bedeutet ein bewußtes Abgehen von der bestmöglichen Qualität zugunsten der leichteren Verarbeitbarkeit und der Möglichkeit wichtige Bauwerksteile in einem Arbeitsgang hochzuführen. Auf Grund der mit plastischem Bauwerksbeton erzielten Prüfungsergebnisse, die zeigten, daß ein qualitativ hochwertiger Beton dieser Konsistenz geschaffen war, konnte dieser Übergang indessen verantwortet werden.

Immerhin mußten zur Sicherstellung des neuen Arbeitsverfahrens ergänzende Prüfungen mit gießfähigem Beton durchgeführt werden mit dem Ziel, allzu große Qualitätseinbußen, wie sie sich bei den Versuchen gezeigt hatten (vgl. Abb. 2), zu vermeiden.

Da, wenn das Gießverfahren seinen Zweck erfüllen sollte, größere Bauwerksteile rasch hochgeführt werden mußten, also verhältnismäßig frischer Beton von gießfähiger Konsistenz in größerer Höhe im Bauwerk anstehen würde, war zunächst die Frage zu beantworten: Treten bei Verwendung von Neckar- und Rheinkies bis 70 mm (später sogar bis 100 mm) Korngröße Entmischungen auf, oder ergeben sich in verschiedener Höhe eines Bauwerkteiles solche Qualitätsunterschiede, daß sie praktisch einer Entmischung gleichkommen?

Diese Frage sollte durch die im folgenden beschriebenen Baustellenversuche ihre Erledigung finden.

**Baustellenversuche.** Es wurden 4 holzgeschalte Betonsäulen von rund 1,9 m Höhe und 0,49 m² Querschnittsfläche hergestellt. Zu zweien wurde Portland-Jurament, zu weiteren zwei Traßportland-Zement verwendet. Der Zuschlag bestand in allen Fällen aus einem Gemisch von Rhein- und Neckarkies, wie es im Bau Verwendung fand (S : Gr = 1 : 1,7). Eine der beiden Säulen aus dem gleichen Zement ist mit Beton plastischer Konsistenz, in 20 cm hohen Schichten gestampft, die zweite mit solchem von gießfähiger Konsistenz, in zwei je 1 m hohen Schichten durchgerührt, gefertigt worden. Eine weitere Variante brachte die Forderung in die Versuche, daß bei den Säulen aus Traßportland-Zement die untere Schicht einen höheren Wassergehalt haben sollte als die obere, um ersehen zu können, ob bei dem kaum zu vermeidenden, wechselnden Feuchtigkeitsgehalt des Zuschlags (siehe oben!) Schwierigkeiten auftreten würden. — Alle Säulen wurden in der Längsrichtung zersägt. Diese Schnittbilder sind in Abb. 7 festgehalten.

Abb. 7a veranschaulicht die Größe; die Abb. 7b ÷ e lassen deutlich die gleichmäßige Struktur des Betons erkennen. Abgesehen von dem oberen „Wasserrand" bei jeder Platte, der übrigens beim plastischen Beton stärker ist als beim gießfähigen —

Abb. 7c zeigt dies besonders deutlich —, verteilen sich Zuschlag, Groß- und Kleinporen in größtmöglicher Unregelmäßigkeit über die ganze Fläche. Von Entmischungen kann also keine Rede sein.

Zur Ermittlung der Betonqualität der einzelnen Höhenlagen wurde jede Säule nach dem Schema der Abb. 8 zersägt. Die Prüfungen, die unseres Wissens nach im gleichen Ausmaß[1] bislang noch nicht durchgeführt worden waren, erstreckten sich auf die Prüfung von Wasserdurchlässigkeit und Druckfestigkeit nach 6 Monaten.

Abb. 7a. Schnitte durch Betonsäulen von rund 1,9 m Höhe und einer Grundfläche von 70 × 70 cm.

Die Aufnahmen der Abb. 7 stammen von den aus der Mitte herausgesägten Platten C.

Die Platten A wurden zunächst in 3 Balken von 20 × 20 × 190 cm und diese in je 8 Würfel von 20 cm Kantenlänge zerlegt.

Aus den 10 bzw. 20 cm starken Platten B bzw. D wurden je 4 Stück 40 cm hohe Teile herausgesägt, die dann mit scharfen Stahlmeißeln in 2 Körper für die Wasserdurchlässigkeitsprüfung zerlegt wurden.

Als Abfall verblieben eine dünne Platte E und vom oberen Teil der Säulen jeweils 10÷15 cm Beton.

---

[1] In kleinerem Umfange finden sich ähnliche Versuche, allerdings nur Druckfestigkeitsprüfungen, bei G. Bethke: Das Wesen des Gußbetons. Berlin: Julius Springer 1924.

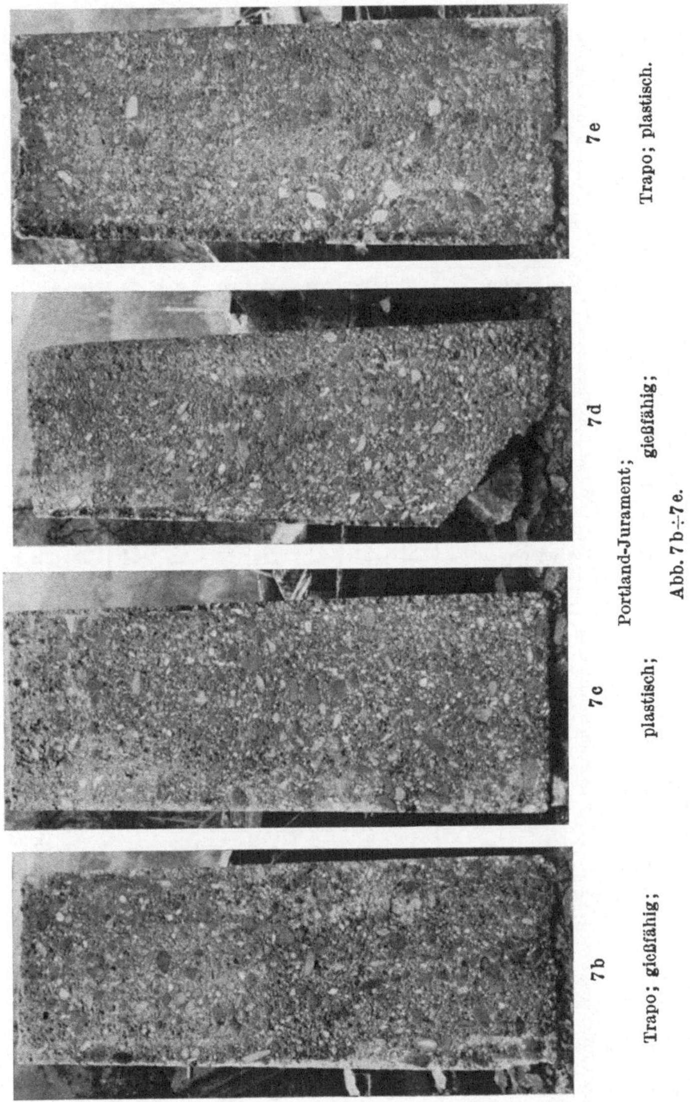



Über die Prüfungsergebnisse gibt Zusammenstellung 4 Auskunft; für ihre Anordnung wurde die Lage der geprüften Körper nach Abb. 8 und die Reihenfolge der Säulen nach Abb. 7 beibehalten.

Zusammenstellung 4.  Prüfungsergebnisse der Baustellenversuche mit 4 Säulen.

**Säule 1 — Traßportland-Zement; gießfähig**

| Platte A | | Platte B | | Platte D | |
|---|---|---|---|---|---|
| | Druckfestigkeit[1] | | Wasserdurchlässigkeit[2] | | |
| Höhe | 20-cm-Würfel kg/cm² | Höhe | 10-cm-Scheiben cm³/cm²/Std. | Höhe | 20-cm-Scheiben cm³/cm²/Std. |
| 8 | 218 | 4 | 0,0021 | 4 | 0,0004 |
| 7 | 224 | | | | |
| 6 | 218 | 3 | [3] 0,0021 | 3 | 0,0006 |
| 5 | 199 | | | | |
| 4 | 146 | 2 | 0,0624 [3] | 2 | 0 |
| 3 | 157 | | | | |
| 2 | 171 | 1 | 0,4550 | 1 | 0,3325 |
| 1 | 182 | | | | |

**Säule 2 — Portland-Jurament; plastisch**

| Platte A | | Platte B | | Platte D | |
|---|---|---|---|---|---|
| | Druckfestigkeit[1] | | Wasserdurchlässigkeit[2] | | |
| Höhe | 20-cm-Würfel kg/cm² | Höhe | 10-cm-Scheiben cm³/cm²/Std. | Höhe | 20-cm-Scheiben cm³/cm²/Std. |
| 8 | 202 | 4 | 0 | 4 | |
| 7 | 220 | | | | |
| 6 | 225 | 3 | 0 | 3 | [Ø][4] |
| 5 | 191 | | | | |
| 4 | 202 | 2 | 0 | 2 | |
| 3 | 223 | | | | |
| 2 | 230 | 1 | 0 | 1 | |
| 1 | 245 | | | | |

**Säule 3 — Portland-Jurament; gießfähig**

| Platte A | | Platte B | | Platte D | |
|---|---|---|---|---|---|
| | Druckfestigkeit[1] | | Wasserdurchlässigkeit[2] | | |
| Höhe | 20-cm-Würfel kg/cm² | Höhe | 10-cm-Scheiben cm³/cm²/Std. | Höhe | 20-cm-Scheiben cm³/cm²/Std. |
| 8 | 126 | 4 | 0,0345 | 4 | 0,0003 |
| 7 | 124 | | | | |
| 6 | 128 | 3 | 0,0148 | 3 | 0,0017 |
| 5 | 135 | | | | |
| 4 | 138 | 2 | 0,0429 | 2 | 0,0236 |
| 3 | 132 | | | | |
| 2 | 126 | 1 | 0,3040 | 1 | 0,7165 |
| 1 | 118 | | | | |

**Säule 4 — Traßportland-Zement; plastisch**

| Platte A | | Platte B | | Platte D | |
|---|---|---|---|---|---|
| | Druckfestigkeit[1] | | Wasserdurchlässigkeit[2] | | |
| Höhe | 20-cm-Würfel kg/cm² | Höhe | 10-cm-Scheiben cm³/cm²/Std. | Höhe | 20-cm-Scheiben cm³/cm²/Std. |
| 8 | 291 | 4 | 0 | 4 | 0,0002 |
| 7 | 279 | | | | |
| 6 | 325 | 3 | 0 | 3 | 0 |
| 5 | 288 | | | | |
| 4 | 197 | 2 | 0,1860 | 2 | 0,0071 |
| 3 | 203 | | | | |
| 2 | 197 | 1 | 0,5800 | 1 | 0,2895 |
| 1 | 197 | | | | |

[1] Mittel aus 3 Würfeln einer Höhenlage im Alter von 6 Monaten.
[2] Mittel aus 2 Scheiben einer Höhenlage im Alter von 6 Monaten.
[3] 1 Scheibe zerbrochen.
[4] Vgl. Zusammenstellung 3.  Werte geschätzt, da 10-cm-Scheiben undurchlässig.

In Zusammenstellung 4 fällt zunächst der Unterschied der oberen und unteren Hälfte jeder Säule aus Traßportland-Zement auf, die, wie erwähnt, mit verschiedenem Wassergehalt bereitet wurden. Es zeigt sich ganz deutlich, daß eine etwas trockenere Schicht, auf eine nasse aufgebracht, die letztere in der Qualität nicht beeinflußt, daß also ein gegenseitiges Durchdringen — selbst bei gut durchgerührtem Gußbeton — nicht stattfindet. Die obere, wasserärmere Hälfte war in jedem Fall von besserer Qualität.

Die Druckfestigkeiten lassen — bei an und für sich geringen Differenzen — sowohl beim plastischen wie beim gießfähigen Beton keine Unterschiede in den einzelnen Schichthöhen erkennen, bestätigen also im wesentlichen, daß keine Entmischungen auftreten.

Die für Qualitätsunterschiede empfindlichere Prüfung auf Wasserdurchlässigkeit[1] zeigt jedoch einen Rückgang der Betongüte in den unteren Schichten an. Die Wasserdurchlässigkeit wird innerhalb der Schichthöhen gleicher Konsistenz von unten nach oben kleiner. Wenn diese Unterschiede in der Durchlässigkeit auch nicht solche sind, daß von einer Entmischung gesprochen werden kann, so sind sie immerhin so beträchtlich, daß darauf Rücksicht zu nehmen ist, zumal eine zweite Prüfung der Betonplatten nach $1^1/_2$ Jahren etwa das gleiche Bild ergab, also der Güteunterschied durch Alterung nicht ausgeglichen worden war.

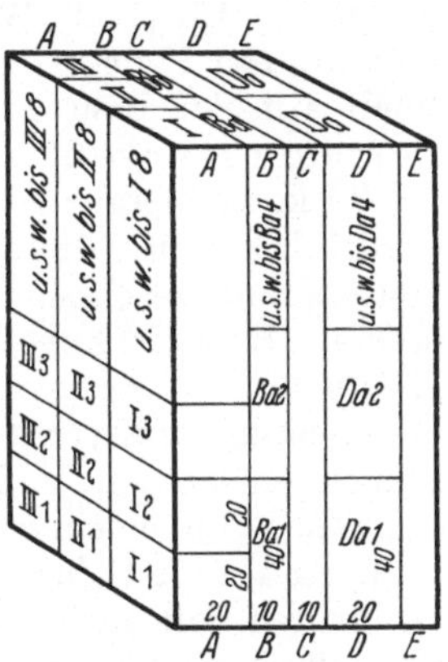


Abb. 8. Bezeichnung der aus den Säulen ausgesägten Körper.

Ihre Erklärung finden diese Unterschiede — da Entmischungen ausgeschlossen und andere Gründe nicht vorhanden sind — in der verschiedenen Möglichkeit der einzelnen Höhenlagen, ihren Wassergehalt durch Ausfließenlassen durch die Schalung oder Verdunstung während des Abbindens herabzumindern. Die Gefahr, daß im Bauwerk ähnliche Verhältnisse eintreten, dürfte gering zu achten sein, wenn man bedenkt, daß bei den Versuchen die Säulen durch 1÷2 Maschinenmischungen im Verlaufe von etwa

---

[1] Der Vergleich der Werte für Druckfestigkeit und Wasserdurchlässigkeit von durchgerührtem und unbearbeitetem Beton in Zusammenstellung 6 zeigt, daß auch in diesem Fall die Güteunterschiede bei der Wasserdurchlässigkeitsprüfung stärker in Erscheinung treten als in der Druckfestigkeit, bei der sie oft so unbedeutend sind, daß sie praktisch vernachlässigt werden können.

5 Minuten zu voller Höhe hergestellt wurden, und daß deshalb das Überschußwasser keine Gelegenheit hatte, auf der Betonoberfläche auszutreten und von da abzufließen oder zu verdunsten, wie es bei der Herstellung großer Betonblöcke im Bauwerk der Fall ist.

Tatsächlich konnten auch an Körpern, die aus verschiedenen Höhenlagen eines aus plastischem Beton erstellten Bauwerks ausgespitzt worden waren, keine solchen Unterschiede in der Wasserdurchlässigkeit ermittelt werden.

Gleich nach Fertigstellung des ersten Wehrpfeilers aus Gußbeton wurde zur Kontrolle ein größerer Betonblock aus dem Fundament ausgespitzt. Bei einer elftägigen Prüfung mit — wie üblich — 1,3 Atm. Wasserdruck zeigte eine von diesem Block abgetrennte 13 cm dicke Platte keinerlei Wasserdurchgang; sie blieb auf der dem Prüfwasser gegenüberliegenden Seite vollkommen trocken.

Es kann hieraus gefolgert werden, daß die bei den Versuchen ermittelten Qualitätsunterschiede im Bauwerk infolge der Art des Betonierens vermieden werden, daß also keine Bedenken bestehen, Bauwerksteile ohne Unterbrechung auf größere Höhe hochzubetonieren.

**Laboratoriumsversuche.** Die aus Versuchen gewonnenen Erfahrungen lehrten, daß der Übergang von plastischem zu gießfähigem Beton eine nicht zu übersehende Qualitätseinbuße brachte (vgl. Abb. 2 und Zusammenstellung 1). Es war daher nochmals zu prüfen, ob nicht Änderungen besonders in der Zuschlagszusammensetzung empfehlenswert wären. Da der Zuschlag auf dem Bau zur sicheren Einhaltung der vorgeschriebenen Sieblinie nunmehr in 4 Kornfraktionen ($0 \div 2$, $2 \div 7$, $7 \div 40$ und $40 \div 100$ mm) getrennt zur Verwendung kam, konnte jetzt auch die Zusammensetzung des Sandes, wenigstens in bezug auf das Verhältnis Feinsand ($0 \div 1$) : Grobsand ($1 \div 7$), berücksichtigt werden.

Zu diesen Versuchen wurde ausschließlich Traßportland-Zement verwendet. Er war einer größeren Lieferung entnommen und entsprach etwa dem auf S. 7 aufgeführten Traßportland-Zement Nr. 2. Die Beschränkung auf diesen Zement erfolgte, da alle wichtigen Bauteile der beiden mit gießfähigem Beton erbauten Staustufen Hirschhorn und Rockenau — also vor allem der gesamte Beton für die Schleusen und Wehrpfeiler — aus Traßportland-Zement erstellt wurden. Nach vergleichenden Prüfungen mit den verschiedensten Zementsorten war Traßportland-Zement für unsere Zwecke — Wasserbau in aggressivem Wasser — am besten geeignet.

Für die Versuche diente die in Abb. 9 wiedergegebene Gießvorrichtung. Eine 6 m lange Gießrinne, mit einem Querschnitt
von 37 cm oberer lichter Weite und 22 cm ·Höhe, wurde am
oberen Ende über eine Rolle, am unteren Ende über eine mit
Doppelrolle versehene Laufkatze an einem Laufseil aufgehängt.
Dadurch war die Rinne leicht über die am unteren Ende aufgestellten Formen zu führen, und außerdem konnte jede beliebige
Rinnenneigung sehr einfach eingestellt werden.

Knicke und Absätze
der Rinne waren nicht
vorgesehen, da richtig
„ziehender" Beton an
den Rinnenabsätzen
eine weitere Durchmi-
schung erfährt, deren
Einfluß wir als Sicher-
heitsfaktor ausschal-
teten. Der Beton wurde
in die beiden Behälter
am oberen Ende der
Rinne gebracht, und
durchlief diese dann nach
Öffnen einer Klappe.
Während des Einbrin-
gens des Betons in die
Formen wurde die Rinne
so bewegt, daß alle For-
men der Reihe nach auf
ein Viertel der Höhe,
dann auf halbe Höhe und
so fort gefüllt wurden.

Abb. 9. Gießvorrichtung.

„Durchgerührt" wurde, nachdem die Formen zur Hälfte und ein
zweites Mal, nachdem sie ganz gefüllt waren. Diese Arbeits-
weise schließt sich am besten an die bei plastischem Beton an-
gewendete an und verhindert Differenzen zwischen zuerst und
später gegossenen Körpern, wie sie Bethke feststellte[1].

Zu den Prüfungen wurde Rheinkies bis 70 mm Korngröße
verwendet, und zwar die nach Abb. 4a als Grenzwerte des günstigsten Sand-Grob-Verhältnisses erkannten Zusammensetzungen
IIa und IIc, mit S : Gr = 1 : 1,7 und S : Gr = 1 : 1,3. Gleichzeitig wurde der Feinsandgehalt (Durchgang durch Sieb mit 1 mm

---

[1] G. Bethke: a. a. O.

Zusammenstellung 5. Zusammensetzung der untersuchten Betonmischungen.

| 1 | 2 | 3 | 4 Vom gesamten **Zuschlag** (Sand) fielen durch Sieb mit | | | | | | | | 5 | 6 | 7 Vom **trockenen Beton** fielen durch Sieb mit | | | | | | | | 8 Vom **Mörtel** fielen durch Sieb mit | | | |
| | | | Ma-schen-weite | Lochdurchmesser | | | | | | | | | Ma-schen-weite | Lochdurchmesser | | | | | | | Ma-schen-weite | Lochdurch-messer | | |
| Kurve | S : Gr | Feinsand-gehalt[1] in % des Sandes | 0,2 | 1 | 3 | 7 | 12 | 25 | 40 | 70 | Zu-schlag[2] vom | Zementmenge[3] kg/m³ | 0,2 | 1 | 3 | 7[3] | 12 | 25 | 40 | 70 | 0,2 | 1 | 3 | 7 |
|---|---|---|---|---|---|---|---|---|---|---|---|---|---|---|---|---|---|---|---|---|---|---|---|---|
| IIc1 | | 10 | 1,4 (3) | 4 (10) | 19 (43) | 43 (100) | 61 | 87 | 93 | 100 | Rhein | 201 | 10,4 | 13 | 26 | 48 | 65 | 88 | 94 | 100 | 21 | 27 | 54 | 100 |
| | | | | | | | | | | | Neckar | 223 | 12 | 14 | 28 | 49 | 65 | 88 | 94 | 100 | 25 | 29 | 57 | 100 |
| IIc3 | 1:1,3 | 30 | 1,4 (3) | 13 (30) | 24 (55) | 43 (100) | 61 | 87 | 93 | 100 | Rhein | 201 | 10,4 | 21 | 31 | 48 | 65 | 88 | 94 | 100 | 21 | 44 | 65 | 100 |
| | | | | | | | | | | | Neckar | 220 | 12 | 22 | 32 | 49 | 65 | 88 | 94 | 100 | 25 | 45 | 65 | 100 |
| IIc5 | | 50[4] | 1,4 (3) | 22 (50) | 29 (68) | 43 (100) | 61 | 87 | 93 | 100 | Rhein | 201 | 10,4 | 29 | 35 | 48 | 65 | 88 | 94 | 100 | 21 | 60 | 73 | 100 |
| | | | | | | | | | | | Neckar | 224 | 12 | 30 | 37 | 49 | 65 | 88 | 94 | 100 | 25 | 61 | 76 | 100 |
| IIc7 | | 70 | 1,4 (3) | 30 (70) | 34 (81) | 43 (100) | 61 | 87 | 93 | 100 | Rhein | nicht ausgeführt! | | | | | | | | 100 | nicht ausgef.! | | | 100 |
| | | | | | | | | | | | Neckar | 210 | 12 | 38 | 41 | 49 | 65 | 88 | 94 | 100 | 25 | 78 | 84 | 100 |
| IIa1 | | 10 | 1,1 (3) | 4 (10) | 14 (38) | 37 (100) | 55 | 82 | 90 | 100 | | 201 | 10,1 | 13 | 22 | 43 | 59 | 84 | 91 | 100 | 24 | 30 | 51 | 100 |
| IIa3 | 1:1,7 | 30 | 1,1 (3) | 11 (30) | 18 (48) | 37 (100) | 55 | 82 | 90 | 100 | Rhein | 200 | 10,1 | 19 | 25 | 43 | 59 | 84 | 91 | 100 | 24 | 44 | 58 | 100 |
| IIa5 | | 50[4] | 1,1 (3) | 19 (50) | 25 (68) | 37 (100) | 55 | 82 | 90 | 100 | | 200 | 10,1 | 26 | 32 | 43 | 59 | 84 | 91 | 100 | 24 | 61 | 74 | 100 |

[1] Feinsand = Durchgang durch Sieb mit 1 mm Lochdurchmesser.
[2] Bei Verwendung von Neckarmaterial wurde die Zementmenge so gewählt, daß sie der beim Bau gebrauchten (225 kg) möglichst nahe kam, da größere Qualitätseinbußen erwartet wurden. Bei Rheinkies wurden 1 : 10 Gewt., bei Neckar-kies 1 : 8,5 Gewt. gemischt. Für die erdfeuchten Mischungen ergaben sich die in Zusammenstellung 7, Rubrik 8, auf-geführten Zementmengen pro Kubikmeter.     [3] Zugleich Mörtelgehalt.
[4] Zu diesen Versuchen von 48 (vgl. Zusammenstellung 2) auf 50 aufgerundet.

Zusammenstellung 6. Wasserdurchlässigkeit und Druckfestigkeit der gießfähigen Betonmischungen mit Rheinkies verschiedenen Feinsandgehaltes, für durchgerührten und unbearbeiteten Beton.

| 1 | 2 | 3 | 4 | 5 | 6 | 7 | 8 | 9 Druckfestigkeit [Raumgewicht kg/m³] nach 28 Tagen | | | 10 Wasserdurchlässigkeit nach 28 Tagen | | |
|---|---|---|---|---|---|---|---|---|---|---|---|---|---|
| | | | | | | | | Mittelwerte[2] | | Mittel | Mittelwerte[2] | | Mittel |
| Kurve | S : Gr | Fein-sand-gehalt des Sandes | Zement-sorte | Wasser-gehalt | $\frac{\text{Wasser}^1}{\text{Zement}}$ | Kon-sistenz[1] | Zement-menge | a | b | aus a und b | a | b | aus a und b |
| | | % | | Gew.-% | | cm | kg/m³ | kg/cm² | kg/cm² | | cm³/cm²/Std. | cm³/cm²/Std. | |
| II c 1 | | 10 | | 8,2 | 0,88 | $s = 17$ $a = 75$ | 201 | 137 [2330] | 134 [2310] | **136** [2320] | [0,06][3] | ∞ | **[∞]** |
| II c 3 | 1 : 1,3 | 30 | Traßportland-Zement 30/70 | 8,2 | 0,88 | $s = 16$ $a = 74$ | 201 | 143 [2390] | 149 [2375] | **146** [2385] | 0,0070 | ∞ | **[0,03]** |
| II c 5 | | 50 | | 8,1 | 0,87 | $s = 15$ $a = 78$ | 201 | 157 [2380] | 161 [2355] | **159** [2370] | 0,0038 | 0,0214 | **0,0126** |
| II a 1 | | 10 | | 8,1 | 0,89 | $s = 19$ $a = 80$ | 201 | 131 [2350] | 141 [2340] | **136** [2345] | ∞ | ∞ | ∞ |
| II a 3 | 1 : 1,7 | 30 | | 7,5 | 0,80 | $s = 15$ $a = 75$ | 200 | 152 [2350] | 136 [2340] | **144** [2345] | [0,08][3] | ∞ | **[0,5]** |
| II a 5 | | 50 | | 7,9 | 0,85 | $s = 13$ $a = 80$ | 200 | 149 [2360] | 139 [2355] | **144** [2360] | 0,08 | [0,1][3] | **[0,09]** |

[1] Siehe Zusammenstellung 3.
[2] Mittelwerte aus 3 Stück 20-cm-Würfeln für Druckfestigkeit und 3 Scheiben von 20 cm Dicke für Wasserdurchlässigkeit; a = durchgerührt, b = unbearbeitet.
[3] Geschätzt; siehe Zusammenstellung 3.

Lochweite) jeder Versuchsreihe in den Abstufungen 50, 30 und
10 % variiert.

Von jeder Betonmischung wurde die Hälfte nach dem Durch-
laufen der Rinne und Einbringen in die Formen gut durchgerührt,
die zweite Hälfte aber in den Formen unbearbeitet gelassen[1]. Die
Differenz in den Prüfungsergebnissen der verschieden behandelten
Körperreihen sollte
ein Maß für die für
jede Betonsorte
aufzuwendende
menschliche Sorg-
falt abgeben. Da-
mit ist — unseres
Wissens nach zum
ersten Male — der
Versuch gemacht,
experimentelle
Unterlagen für
die Beurteilung
dieses äußerst
wichtigen Fak-
tors zu erbringen.

Die Zusammenset-
zung der untersuch-
ten Betonmischungen
findet sich in Zusam-
menstellung 5. Die
Prüfungsergebnisse
sind in Zusammen-
stellung 6 zahlenmä-
ßig und in Abb. 10
zeichnerisch wieder-
gegeben.

In Zusammenstel-
lung 5 sind gleich-

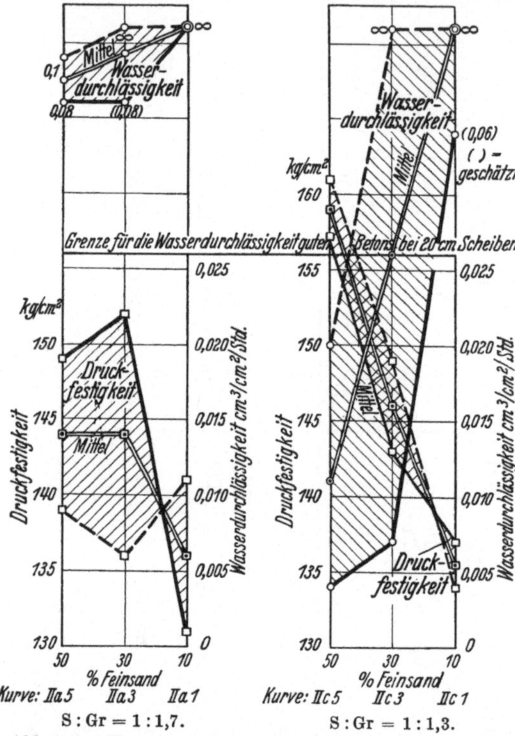


Abb. 10. Wasserdurchlässigkeit und Druckfestigkeit in
Abhängigkeit vom Feinsandgehalt des Sandes, bei Verwen-
dung von Rheinkies, für durchgerührten und unbearbeiteten
Beton.

zeitig Daten für einen Beton mit 70 % Feinsand aufgenommen,
über den weiter unten berichtet wird.

In Abb. 10 sind die Werte für durchgerührten Beton durch aus-
gezogene, diejenigen für unbearbeiteten Beton durch gestrichelte
Linien verbunden. Es fällt auf, daß bei S : Gr = 1 : 1,7 und 10 %
Feinsand der Druckfestigkeitswert für unbearbeiteten Beton und

---

[1] Lediglich die Seitenflächen der Probekörper wurden durch vor-
sichtiges Stochern mit der Kelle geglättet.

bei S : Gr = 1 : 1,3 mit 50 und 30 % Feinsand die entsprechenden Werte höher liegen als die zugehörigen für durchgerührten Beton. Eine stichhaltige Erklärung hierfür kann nicht gegeben werden. Für die Gesamtbeurteilung spielt dies übrigens keine Rolle.

Aus den Prüfungsergebnissen ist zu entnehmen, daß für Gußbeton ein Zuschlag mit S : Gr = 1 : 1,3 gegenüber solchem mit S : Gr = 1 : 1,7 vorzuziehen ist.

In beiden Versuchsreihen wurde die höchste Betongüte mit 50 % Feinsandgehalt des Sandes erhalten.

Der Qualitätsunterschied zwischen bearbeitetem und unbearbeitetem Beton ist bei S : Gr = 1 : 1,3 mit 50 % Feinsand am kleinsten, d. h. dieser Beton erfordert zum Fertigmachen die geringste menschliche Sorgfalt und den geringsten Arbeitsaufwand; er ist somit gegen Arbeitsfehler am wenigsten empfindlich.

Da diese Ergebnisse für uns immerhin überraschend waren, wurde die Reihe S : Gr = 1 : 1,3 in erdfeuchter Konsistenz wiederholt, um zu sehen, ob lediglich der höhere Wasserzusatz zu diesen Resultaten führte. Die Zusammensetzung war die gleiche wie in Zusammenstellung 5 für die Reihen mit S : Gr

Zusammenstellung 7. **Wasserdurchlässigkeit und Druckfestigkeit der Betonmischungen mit Rheinkies verschiedenen Feinsandgehaltes, für erdfeuchten Beton.**

| 1 | 2 | 3 | 4 | 5 | 6 | 7 | 8 | 9 | 10 |
|---|---|---|---|---|---|---|---|---|---|
| Kurve | S : Gr | Feinsandgehalt in % des Sandes | Zementsorte | Wassergehalt Gew.-% | $\frac{\text{Wasser}[1]}{\text{Zement}}$ | Konsistenz | Zementmenge kg/m³ | Druckfestigkeit [Raumgewicht, kg/m³] nach 28 Tagen, Mittelwerte[2] kg/cm² | Wasserdurchlässigkeit nach 28 Tagen, Mittelwerte[2] cm³/cm²/Std. |
| II c 1 | | 10 | | 5,7 | 0,62 | | 200 | 174 [2260] | ∞ |
| II c 3 | 1 : 1,3 | 30 | Traßportland-Zement 30/70 | 6,0 | 0,65 | erdfeucht; Beton läßt sich in der Hand ballen | 207 | 215 [2375] | ∞ |
| II c 5 | | 50 | | 6,0 | 0,64 | | 207 | 225 [2340] | [0,7][3] |

[1] Siehe Zusammenstellung 3.

[2] Mittelwerte aus 5 Stück 20-cm-Würfeln für Druckfestigkeit und 3 Scheiben von 20 cm Dicke für Wasserdurchlässigkeit.

[3] Geschätzt; siehe Zusammenstellung 3.

= 1 : 1,3 angegeben. Die Ergebnisse sind durch Zusammenstellung 7 und Abb. 11 veranschaulicht.

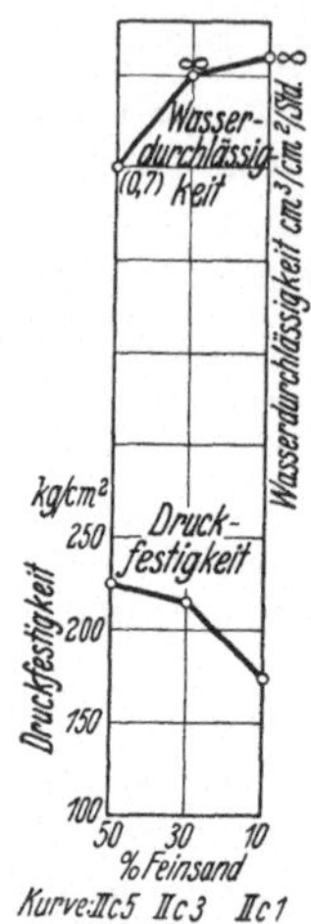


S : Gr = 1 : 1,3.

Abb. 11. Wasserdurchlässigkeit und Druckfestigkeit in Abhängigkeit vom Feinsandgehalt des Sandes, bei Verwendung von Rheinkies, für erdfeuchten Beton.

Die Ergebnisse entsprechen im wesentlichen denjenigen der Reihen mit Gußbeton (Abb. 10). Die Werte für die Druckfestigkeit liegen naturgemäß insgesamt höher; die Wasserdurchlässigkeit ist größer. Der mit Zunahme des Feinsandgehaltes von 10 auf 50 % verbundene Qualitätsanstieg ist auch hier unverkennbar.

Zum vorläufigen Abschluß kamen diese Untersuchungen durch eine Versuchsreihe mit Neckarkies. Durch sie fand erstens die Art des Zuschlags Berücksichtigung und zweitens die Frage, ob die Qualität des Betons durch einen höheren Feinsandgehalt als 50 % noch gesteigert werden könne.

Die Formunterschiede zwischen Rheinkies und Neckarkies sind aus den Abb. 12 und 13 zu erkennen. Der Neckarkies wird auf dem Bau teilweise durch Steinbrecher zerkleinert, so daß ein Anteil als gebrochenes Material zur Verwendung kommt. Mineralogisch unterscheidet sich der verwendete Neckarkies von dem in der Hauptsache aus Quarz und wenig Kalk bestehenden Rheinkies dadurch, daß er sich aus etwa 50 %

Abb. 12. Rheinkies.

Abb. 13. Neckarkies.

Zusammenstellung 8. Wasserdurchlässigkeit und Druckfestigkeit der Betonmischungen mit Neckarkies verschiedenen Feinsandgehaltes, für durchgerührten und unbearbeiteten Beton.

| 1 | 2 | 3 | 4 | 5 | 6 | 7 | 8 | 9 | | | 10 | | |
|---|---|---|---|---|---|---|---|---|---|---|---|---|---|
| | | | | | | | | Druckfestigkeit [Raumgewicht kg/m³] nach 28 Tagen | | | Wasserdurchlässigkeit nach 28 Tagen | | |
| | | | | | | | | Mittelwerte[2] | | Mittel | Mittelwerte[2] | | Mittel |
| Kurve | S : Gr. | Fein-sand-gehalt des Sandes | Zement-sorte | Wasser-gehalt | $\frac{\text{Wasser}^1}{\text{Zement}}$ | Kon-sistenz[1] | Zement-menge | a | b | aus | a | b | aus |
| | | % | | Gew. % | | cm | kg/m³ | kg/cm² | kg/cm² | a und b | cm³/cm²/Std. | cm³/cm²/Std. | a und b |
| II c 1 | | 10 | Traßportland-Zement 30/70 | 12,4 | 1,13 | $s = 16$ $a = 51$ | 223 | 110 [2285] | 94 [2280] | **102** [2285] | 0,0438 | ∞ | **[0,06][3]** |
| II c 3 | 1 : 1,3 | 30 | | 8,7 | 0,88 | $s = 3$ $a = 50$ | 220 | 142 [2315] | 135 [2290] | **146** [2305] | 0,0022 | ∞ | **[0,04][3]** |
| II c 5 | | 50 | | 10,2 | 0,98 | $s = 11$ $a = 57$ | 224 | 132 [2290] | 115 [2285] | **124** [2290] | 0,0022 | 0,0209 | **0,0116** |
| II c 7 | | 70 | | 10,7 | 1,04 | $s = 13$ $a = 54$ | 210 | 103 [2280] | 103 [2275] | **103** [2280] | 0,0017 | 0,0408 | **0,0213** |

[1] Siehe Zusammenstellung 3.

[2] Mittelwerte aus 3 Stück 20-cm-Würfeln für Druckfestigkeit und 2 Scheiben von 20 cm Dicke für Wasserdurchlässigkeit; a = durchgerührt, b = unbearbeitet.

[3] Geschätzt; siehe Zusammenstellung 3.

Sandsteingeröll und im übrigen hauptsächlich aus Kalkstein zusammensetzt, was teilweise auch die Formunterschiede — soweit es sich um ungebrochenes Material handelt — bedingt.

Die Einflüsse der Form und der mineralogischen Zusammensetzung legte die Versuchsreihe mit Neckarkies — und ihr Vergleich mit der vorhergehenden mit Rheinkies — klar. Die Prüfungsergebnisse sind in Zusammenstellung 8 und Abb. 14 eingetragen.

Abb. 14 bestätigt im wesentlichen die mit Rheinkies gemachten Erfahrungen. Die Wasserdurchlässigkeit nimmt im Mittel auch hier bis zu einem Feinsandgehalt von 50% ab, um dann gegen 70% Feinsand zu langsam anzusteigen. Durchschnittlich ist sie etwas geringer als beim Rheinkies. Die Würfelfestigkeit geht bei Neckarkies bereits von 30% an langsam zurück. Es wurden zwar mit 50 und 70% Feinsandgehalt noch verhältnismäßig gute Festigkeiten erreicht, doch ist unter dem Gesichtspunkt, daß das Qualitätsoptimum bei 50% überschritten wird, ein höherer Feinsandgehalt als 50% nicht empfehlenswert, zumal die Differenzen in der Wasserdurchlässigkeit zwischen bearbeitetem und unbearbeitetem Beton nach 70% zu bereits wieder größer werden, also auffallenderweise für einen Beton mit 70% Feinsand wieder mehr Arbeit und Sorgfalt aufzuwenden sind, um ihn möglichst wasserundurchlässig zu erhalten, als für einen Beton mit 50% Feinsandgehalt, er also gegen Verarbeitungsfehler wieder empfindlicher ist.

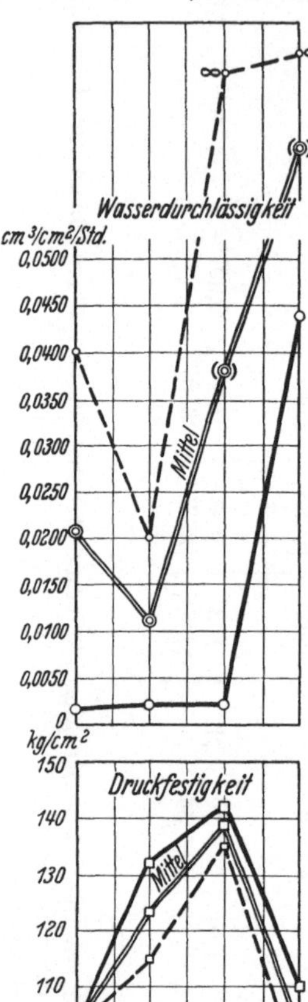


S : Gr = 1 : 1,3.

Abb. 14. Wasserdurchlässigkeit und Druckfestigkeit in Abhängigkeit vom Feinsandgehalt des Sandes, bei Verwendung von Neckarkies, für durchgerührten und unbearbeiteten Beton.

Die Zusammenfassung der aus den Versuchen mit Neckar- und Rheinkies gewonnenen Erkenntnisse führte unter Berücksichtigung des auf den Baustellen herrschenden Mangels an Feinsand dazu, für gießfähigen Beton eine Kornzusammensetzung von S : Gr = 1 : 1,3 mit 35÷40%

Feinsandgehalt des Sandes anzuordnen. Die sich daraus
ergebende „Bausieblinie" ist in Abb. 15 festgehalten.

Aus praktischen Gründen wurde diese Kurve in der allgemein
üblichen Weise gezeichnet. In der Zeichnung ist zum Ausdruck ge-

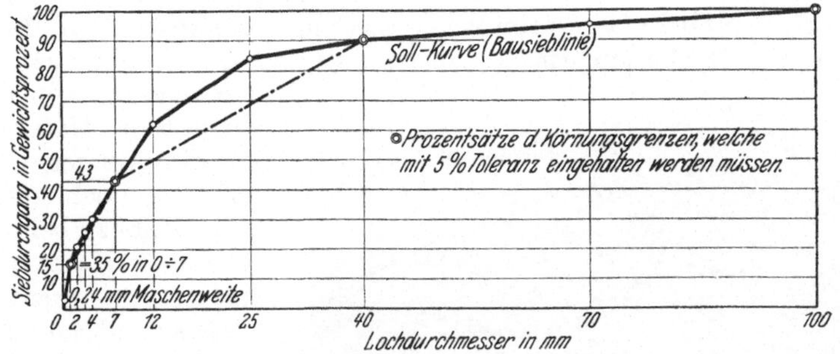


Abb. 15. „Bausieblinie" für gießfähigen Beton.

bracht, daß die Punkte bei 1, 7 und 40 mm — entsprechend den verwendeten Kornfraktionen (0÷2 mm mit praktisch konstantem
Gehalt an 0÷1, 2÷7, 7÷40 und
40÷100 mm) — festgelegt sind, während sich für die Zwischenpunkte
Unterschiede ergeben können, je nach
der Zusammensetzung der einzelnen
Fraktionen. Nach den laufenden Sieb-
proben auf dem Bau stimmen aber die
Einzelkörnungen mit den Werten der
ausgezogenen Kurve gut überein.

An den Punkten 1, 7 und 40 ist
nur eine Streuung von ±5% zu-
lässig. Die Praxis hat gezeigt,
daß es sich ermöglichen läßt,
diese Forderung bei Verwendung von sortiertem Material
einzuhalten, wenn auf dem Bau
mit dem nötigen Verständnis und
der nötigen Energie dafür gesorgt
wird, daß die Kiesaufbereitungsan-

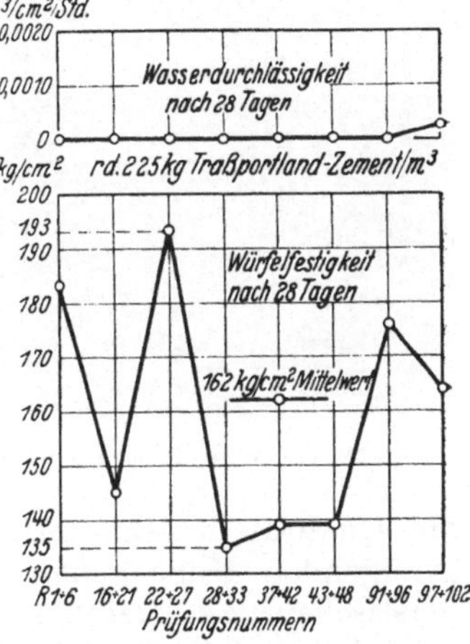


Abb. 16. Bisherige Prüfungsergebnisse von gießfähigem Bauwerksbeton.

lagen — entsprechende technische Ausgestaltung derselben vorausgesetzt — sorgfältig gewartet und betrieben werden.

In Abb. 16 finden sich bisherige Prüfungsergebnisse von
gießfähigem Bauwerksbeton, dessen Zuschlag mit ±5%
Abweichung der Bausieblinie entsprach.

3*

Der besseren Übersicht wegen sind in Abb. 16 nur die Mittelwerte aus je 3 Prüfkörpern angegeben und die zusammengehörigen
Werte für Wasserdurchlässigkeit und Würfelfestigkeit über-
einander gezeichnet. Die Wasserundurchlässigkeit ist wiederum praktisch bei 20 cm dicken Körpern erreicht. Die
Würfelfestigkeiten schwanken zwischen 193 kg/cm² im Maximum und 135 kg/cm² im Minimum, streuen also weniger als bei
Verwendung von un-
sortiertem Material.
Die Streuungen sind
auf den noch nicht
ganz sicher zu beherr-
schenden Wasserge-
halt (nicht -zusatz!)
zurückzuführen. Als
Mittel sämtlicher
Werte ergeben sich
162 kg/cm².

Was mit den
Versuchen bezweckt
war, ist erreicht
worden. Durch ent-
sprechende Korn-
regulierung der
Zuschlagsstoffe
und Verwendung des
nach den „Versuchen
zur Zementauswahl"
für unsere Zwecke
besten Zementes
— Traßportland-
Zement — konnte

Abb. 17. Wehrpfeiler aus plastischem Beton.

die Qualität des Bauwerksbetons auf einer unseren Forderungen
genügenden Höhe gehalten werden, trotz des Überganges von
plastischem zu gießfähigem Beton. (Über ausgespitzen Bauwerksbeton vgl. S. 26!) Die Druckfestigkeit ging natürlich
allgemein zurück, und auch die Wasserundurchlässigkeit hat
bei 20 cm starken, 28 Tage alten Scheiben zunächst ihre
Grenze erreicht; die Bauwerke als solche aber sind
gegenüber denjenigen, die mit plastischem Beton
erstellt wurden, höher zu bewerten, da die Schichtfugen vollkommen verschwunden sind und die Arbeitsfugen an wenig gefährdeten Stellen angeordnet werden konnten.

Alter und neuer Beton ließen sich außerdem an den Arbeitsfugen besser verbinden, als dies bei plastischem Beton der Fall war.

Die Abb. 17 zeigt einen mit plastischem Beton hergestellten Pfeiler des Wehres Neckargemünd, die Abb. 18 einen Pfeiler aus Rührbeton des Wehres Hirschhorn. Der Unterschied in der Gesamtstruktur ist deutlich wahrzunehmen.

Die Tatsache, daß der von uns gewählte gießfähige Bauwerksbeton sich „an der geforderten Qualitätsgrenze" bewegt, machte eine besonders sorgfältige Bau- und Baustoffkontrolle zur Pflicht. Sowohl die zur Verwendung kommenden Materialien, Zement und Zuschlagsstoffe, als auch die Bereitung und Verarbeitung des Betons werden laufend kontrolliert.

Bei den Zuschlagsstoffen gilt die Kontrolle in erster Linie der Kornzusammensetzung; beim Zement — für die wichtigen Teile ausschließlich Traßportland-Zement, bestehend aus 30% Traß und 70% Portlandklinker — wird — neben der Einhaltung der als „Grundforderungen" geltenden Raumbeständigkeit und normalen Abbindezeit — vor allem Wert gelegt auf gleichmäßig feine Mahlung[1] und stets gleichen Traßgehalt.

Abb. 18. Wehrpfeiler aus Rührbeton.

Bei der Bereitung des Betons wird besonders darauf geachtet, daß zur Erzielung gießfähiger Konsistenz kein Liter Wasser mehr zugegeben wird, als unbedingt nötig ist, d. h., daß sich der Beton eben noch durch Rinnen

---

[1] Vgl. Fußnote 2, S. 18.

fördern und zum Fertigmachen durchrühren läßt. Die Verwendung von Traßportland-Zement kommt dabei sehr zu statten, da sein Beton zu diesem Konsistenzgrad weniger Wasser benötigt als andere Zemente.

Der fertige Beton wird laufend auf Wasserdurchlässigkeit und Druckfestigkeit geprüft, wobei wiederum größtmögliche Wasserundurchlässigkeit als wichtigstes Moment im Vordergrund steht.

Wasserundurchlässigkeit bei möglichst dünnen Scheiben zu erreichen, wird das Ziel weiterer Untersuchungen sein. Dabei richtet sich das Augenmerk darauf, ohne Mehrzugabe von Zement zu diesem Ziele zu kommen, denn wir stehen auf dem Standpunkt, daß derjenige Beton am besten unseren Forderungen entsprechen wird — besonders hinsichtlich seines Widerstandes gegen aggressive Wässer und den sich daraus ableitenden weiteren Qualitätsmerkmalen —, der bei größter Wasserundurchlässigkeit die kleinste Menge Zement enthält, da ja nur der Zement einer praktisch bedeutsamen Korrosion ausgesetzt ist. Damit ergibt sich das Programm weiterer Untersuchungen von selbst: Zementsorte und Zuschlagszusammensetzung — bei gießfähigem Beton — zur Erreichung optimaler Betongüte in Übereinstimmung zu bringen.

# IV. Vergleiche

unserer Ergebnisse mit denjenigen anderer Stellen seien hier nur so weit angestellt, als es sich um neuere Arbeiten handelt. Die meisten, besonders die älteren Veröffentlichungen umgrenzen den Begriff „Güte des Betons" zu eng. Viele berücksichtigen überhaupt nur die Druckfestigkeit; andere gehen zwar auf eine Vielzahl von Betoneigenschaften ein, vernachlässigen aber vollkommen die Frage der Eigenschaftsauswahl für bestimmte Zwecke, und damit meist den für den Praktiker wichtigsten Faktor, die Wirtschaftlichkeit[1]. Die bewußte Einstellung unserer Arbeiten auf Beton-Wasserbau läßt daher Vergleiche nur bedingt zu.

Zur Wahl der Konsistenz wurde bereits angedeutet, daß eine Auseinandersetzung mit anderen Ansichten wenig frucht-

---

[1] Im vorliegenden Bericht wurden keine Preiszahlen gegeben, da die Frage der Wirtschaftlichkeit beim Betonieren unter Berücksichtigung so vieler — in jedem Fall verschiedener — Faktoren gelöst werden muß, daß Preisangaben ohne großen Wert sind.

bringend ist. Die Verschiedenheit der Befunde dürfte zum Großteil durch die Begrenzung des größten Korns der Zuschlagsstoffe,
dort bei 30, höchstens 40 mm, bzw. hier bei 70÷80 mm, ihre
Erklärung finden.

Die Begrenzung bei 30 mm wiederum hat ihren Grund darin,
daß die Mehrzahl aller Arbeiten dem Eisenbetonbau dient, was
nicht zuletzt zu der etwas einseitigen Betrachtungsweise über
Gütefragen führte. So beschränken sich auch die neuen Bestimmungen des D. A. f. E. in ihren Angaben über Kornzusammensetzung des Zuschlags wiederum auf die Korngrößen unter
30 mm. Die Bestimmungen in „Teil C für Bauwerke aus Beton"
bringen nur Hinweise auf Teil A, der den eigentlichen „Eisenbeton" umfaßt, wohl unter der Voraussetzung, daß bei den —
meist als Großbauten anzusprechenden — Betonbauten eigene
Versuche durchgeführt würden, wie in Teil A, § 7, 2 b, Abs. 4,
verlangt wird. Anders ist dies nicht zu verstehen, da doch schon
Fuller auf die Bedeutung des Größtkorns für die ganze Zuschlagszusammensetzung aufmerksam macht.

Pfletschinger[1], der sehr richtig die „Güte des Betons" als
„die Summe aller Eigenschaften, die für irgendeinen gewünschten
Verwendungszweck (!) verlangt werden", charakterisiert, hat neben
Prüfungen über den Kornaufbau des Groben einige Versuchsreihen durchgeführt, die das Sand-Grob-Verhältnis betreffen.
Er findet steigende Festigkeit bis 30% Sandgehalt (= S : Gr
= 1 : 2,3) und empfiehlt für Kiesbeton S : Gr = 1 : 1,7, für
Schotterbeton S : Gr = 1 : 1,26, läßt aber die Frage außer acht,
ob für plastischen oder gießfähigen Beton, die nach unseren
Untersuchungen bei plastischem Beton für 1 : 1,7, bei gießfähigem für 1 : 1,3 zu entscheiden ist, ungeachtet ob gebrochenes
oder ungebrochenes Material verwendet wird[2]. Die Wasserdurchlässigkeit wurde von Pfletschinger nicht im gleichen Umfange
mit in die Untersuchungen einbezogen wie die Druckfestigkeit.

Graf[3] empfiehlt etwa 45÷60% Mörtel für die gesamte
Betonmischung, was bei unserem Mischverhältnis den Reihen
S : Gr = 1 : 1,5 bis 1 : 0,75 entspricht. Wir haben gesehen (vgl.
Zusammenstellung 3 und Abb. 4a), daß für plastischen Beton, bei

---

[1] K. Pfletschinger: Einfluß der Grobzuschläge auf die Güte von
Beton. Daselbst weitere Literatur über frühere Arbeiten. Berlin: Zementverlag 1929.

[2] Unsere Versuche waren mit Rheinkies, der Bauwerksbeton aus zum
Teil gebrochenem Neckarkies bereitet. Besondere Versuchsreihen überzeugten uns davon, daß bei dem verwendeten Neckarmaterial größere
Unterschiede nicht auftreten.

[3] Aufbau des Mörtels und Betons; ferner D. A. f. E. H. 63 und 65.

Korngrößen bis 70 mm, mit 37 % Sandgehalt der beste Beton erhalten wird, daß es für die Praxis aber empfehlenswert ist, S : Gr = 1 : 1,7 als oberste Grenze anzusetzen. Nach unseren Erfahrungen kann nicht angenommen werden, daß mit 57 % Sand im Zuschlag für plastischen und gießfähigen Beton die gleiche Betonqualität noch erzielt wird, es sei denn bei einem sehr hohen Zementgehalt, also unter Außerachtlassung der Wirtschaftlichkeit[1].

Die wenigen anderen Arbeiten, die mit grobem Zuschlag durchgeführt wurden, bleiben im Rahmen des Vorgenannten oder führen nur zu Angaben recht allgemeiner Natur, etwa, daß der Mörtel die Grobteile satt umhüllen und die Zwischenräume zwischen den Kieseln ausfüllen soll.

Weit zahlreicher finden sich Untersuchungen über den Aufbau des Sandes oder des Mörtels. Da aber auch hier vielfach nur die Festigkeit als Vergleichsmaßstab dient, sei nur auf die Arbeiten von Graf[2] kurz eingegangen, weil sie erstens als Grundlagen der neuen Eisenbetonbestimmungen zu betrachten sind, und da Graf auch die für Wasserbau wichtigeren Eigenschaften, z. B. Wasserundurchlässigkeit und Widerstand gegen aggressive Wässer[3] berücksichtigt.

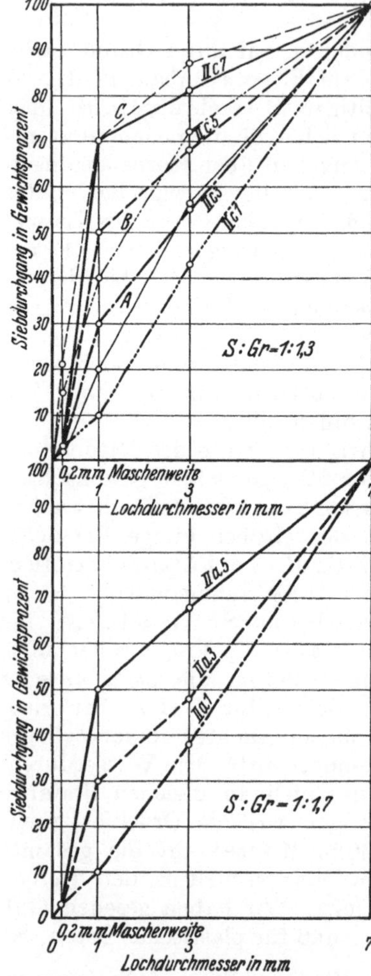


Abb. 19. Sandzusammensetzung im Vergleich mit den Bestimmungen des Deutschen Ausschusses für Eisenbeton.

---

[1] Vgl. auch Fußnote 1, S. 50.
[2] Graf-Göbel: Schutz der Bauwerke. Berlin: W. Ernst & Sohn 1930.
[3] a. a. O.

Zum Vergleich mit den Vorschriften für Sandzusammensetzung in den neuen Eisenbetonbestimmungen sind die zu den „Versuchen mit gießfähigem Beton" verwendeten Sandkörnungen in Abb. 19 zusammen mit den Linien A, B und C der Eisenbetonbestimmungen eingetragen. Die Forderungen der Eisenbetonbestimmungen gelten für Zuschlag bis 30 mm, infolgedessen wohl werden etwas feinsandärmere Zusammensetzungen als „besonders gut" bezeichnet.

Unsere Arbeiten zeigen, daß Sand nach Linie C mit 70% Feinsand als alleroberste Grenze für den Feinsandgehalt anzusehen ist. Von 50% Feinsand ab ist bereits ein merklicher Qualitätsabfall zu verzeichnen, wobei in den Begriff Qualität neben den von uns geprüften Eigenschaften auch die Verarbeitbarkeit und die aufzuwendende Sorgfalt mit eingerechnet sind.

Bei erdfeuchter und gießfähiger Verarbeitung finden wir mit Zuschlag bis 70 mm für 50% Feinsandgehalt des Sandes eine höhere Betongüte, als für die mitten im Feld des „besonders guten" Sandes gelegene Linie mit 30% Feinsand.

Da die Eisenbetonbestimmungen nur das 1-mm-Sieb als Grenzscheide vorschreiben, wird dabei der Aufbau des Feinsandes $(0 \div 1)$ und derjenige des Grobsandes $(1 \div 7)$ übergangen. Der niedere Gehalt unserer Versuchsmischungen an „Staubfeinem" (Durchgang durch Sieb mit 0,2 mm Maschenweite) bei erreichter hoher Betonqualität zeigt, daß der Einfluß der Feinsandabstufung offenbar ein sehr wesentlicher ist. Wir kamen zu dem niederen Prozentsatz an Staubfeinem, da wir selbst im Sand des gebrochenen Neckarmaterials nur höchstens $5 \div 7\%$ antrafen. In Angleichung an die in der Praxis tatsächlich gegebenen oder zu ermöglichenden Verhältnisse mußte darauf Rücksicht genommen werden.

Nach Graf[1] ist der Aufbau des Mörtels — neben dem Mörtelgehalt — allein maßgebend für die Güte des Betons. Der Vergleich unserer Mörtelkurven mit dem nach Graf für alle Fälle besten „Mörtel 5" in Abb. 20 legt die Vermutung nahe, daß bei ähnlich fein gemahlenen Zementen, wie bei den von uns verwendeten, von denen rund 95% durchs 10000 MS fallen (!), der Aufbau des Feinmörtels $(0 \div 1 \text{ mm})$ die Rolle übernimmt, welche dem Mörtel bei gröberen Zementen zukommt, d. h., daß die Zusammensetzung des Feinmörtels für die Güte des gesamten Betons ausschlaggebend ist. Die Abstufung des Grobsandes würde dann eine ebenso untergeordnete Bedeutung haben, wie heute derjenigen der Grobteile über 7 mm zugeschrieben wird. Nur unter dem Gesichtspunkt guter Ver-

---

[1] a. a. O.

arbeitbarkeit wäre ein stetiger Anstieg der Körnungen über 1 mm einzuhalten[1]. **Die Betonqualität wäre dann bestimmt durch den Aufbau des Feinmörtels, die Menge desselben und den Mörtelgehalt, welch letztere sich offenbar wieder nach dem verwendeten Größtkorn richten.** Abb. 20, die zeigt, daß der von uns für gießfähigen und erdfeuchten Beton, mit Zuschlag von S : Gr = 1 : 1,3, als besonders gut erkannte Mörtel nach Linie IIc 5 N, bei 1 mm weit über dem Grafmörtel Nr. 5 liegt — bei gleichem Durchgang durchs 900-MS —, spricht sehr für diese Annahme. Linie IIc 5 N, die bei Neckarmaterial angewendet wurde, stimmt praktisch überein mit den Kurven IIc 5 Rh und IIa 5 Rh, nach denen der Mörtel für Rheinkies mit S : Gr = 1 : 1,3 und S : Gr = 1 : 1,7 aufgebaut war (vgl. Zusammenstellung 5). Systematische Untersuchungen zu diesem Problem sind noch im Gange.

Zuletzt sei noch kurz auf die **Frage der Vorausbestimmung der Betongüte und ihre Verwendbarkeit für die Praxis** eingegangen.

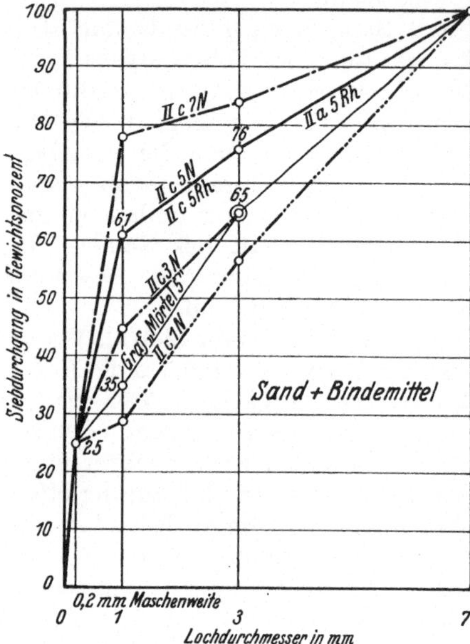


Abb. 20. Mörtelzusammensetzung im Vergleich mit „Mörtel 5" nach Graf.

**Für die Vorausberechnung der Druckfestigkeit** wurden schon frühzeitig verschiedene Formeln aufgestellt, die, soweit sie sich auf die Normenfestigkeit des Zementes aufbauen, durch die Erkenntnis hinfällig werden, daß das Verhalten verschiedener Zementsorten bei der Normenprüfung und auf dem Bau ein sehr verschiedenes sein kann. — Andere Verfahren wollen aus der 7-Tage-Festigkeit die 28-Tage-Festigkeit ableiten. Die Maximal- und Minimalwerte liegen allerdings meist so weit auseinander, daß der Wert solcher Rechnungen sehr zweifelhaft wird, auch wenn das Gewicht auf die sicher zu erreichenden Mindestwerte gelegt ist. **Da alle Formeln nicht auf wissenschaftlichen**

---

[1] Vgl. **Pfletschinger:** a. a. O.

Erkenntnissen, sondern auf Erfahrungen — meist aus Teilgebieten — fußen, empfehlen sie ihre Verfasser selbst nur für Notfälle, in denen Versuche nicht durchzuführen sind.

Auf die Unbrauchbarkeit des Verfahrens mit Hilfe der sog. „Füllungsgrade"[1] zu wasserundurchlässigem Beton zu kommen, wurde bereits hingewiesen[2]. Es ist uns schon früher aufgefallen, daß bei Verwendung von grobgemahlenem Portland-Zement, auch bei höheren Füllungsgraden für Mörtel und Beton als 1,7, oft kein wasserundurchlässiger Beton erhalten werden konnte, während für feiner gemahlene Zemente dieses Ziel bei Verwendung des gleichen Zuschlags und der gleichen Konsistenz erreicht wurde, ohne daß $f_m$ und $f_b >$ oder $= 1,7$ waren. So betrugen z. B. für die Versuchsreihe IIa (Zusammenstellungen 2 und 3) bei Verwendung von Traßportland-Zement, $f_m = 1,43$ und $f_b = 1,45$, und doch waren selbst die Betonscheiben von nur 10 cm Dicke vollkommen wasserundurchlässig! Da die ganze Frage von Wichtigkeit ist, da ferner die AMB durch Ministerialerlaß auch für die Bauten der Reichswasserstraßen-verwaltung zur Vorschrift erhoben wurde, war geplant, dieses Gebiet in einer besonderen Arbeit zu behandeln und über unsere Erfahrungen im einzelnen zu berichten. Inzwischen haben Graf[3] und Walz[4] nachgewiesen, daß die Verwendung der Füllungsgrade nicht den Erwartungen entspricht.

Wir beschränken uns daher auf die Bestätigung der von den beiden Autoren aufgezeichneten Ergebnisse. Wir fügen hinzu, daß wir auch den Grund oder einen Teil der Gründe des Versagens der Formel für die Füllungsgrade gefunden haben: Abgesehen davon, daß das Verfahren spezielle Fälle verallgemeinert[5], den Chemismus des Betons und viele wichtige Faktoren, wie Plattendicke, bei welcher der Beton mit $f = 1,7$ undurchlässig sein soll, Lagerungsart usw., überhaupt nicht berücksichtigt, enthält es auch einen Denkfehler. Die Berechnung der Füllungsgrade basiert auf dem Ausdruck $d = \dfrac{R_f}{s}$. Bei Verwendung zweier Zemente gleicher Zusammensetzung aber verschieden feiner Mahlung wird für den feiner gemahlenen Zement $R_f$ kleiner. Da somit auch der Wert $d$ kleiner wird, muß auch der

---

[1] Anweisung für Mörtel und Beton der Reichsbahngesellschaft (AMB), S. 18ff. Berlin: W. Ernst & Sohn 1928.

[2] Zement 1930 S. 532.          [3] D. A. f. B. H. 65 S. 8ff.

[4] K. Walz: Die heutigen Erkenntnisse über die Wasserdurchlässigkeit des Mörtels und des Betons. Berlin: W. Ernst & Sohn 1931.

[5] Unseres Wissens nach wurden nur wenige Kalk-Traß-Zement-Mischungen untersucht. Vgl. Bautechnik 1927 S. 566.

Füllungsgrad für Mörtel kleiner sein, d. h. der Beton wäre wasser-durchlässiger. Es ist aber seit langem bekannt, daß gerade das Umgekehrte der Fall ist, und es wurde schon darauf hingewiesen[1], in welch hohem Maße sich der Unterschied in der Mahlung des gleichen Zementes gerade bei der Wasserdurchlässigkeit seines Betons bemerkbar macht.

Da von uns Beton als wasserdurchlässig befunden worden war, der Füllungsgrade $> 1{,}7$ hatte, war dieses Verfahren schon als unbrauchbar erkannt. Gegen seine Anwendung spricht aber auch — neben der erwiesenen Unsicherheit und anderen Fak-toren — die Unwirtschaftlichkeit, die schon von anderer Seite hervorgehoben wurde. Setzen wir hinzu, daß der von uns festgehaltene Fehler nach dem Vorgesagten sich auch dann praktisch auswirken kann, wenn zur Sicherheit unwirtschaftlich, d. h. mit $f \geqq 1{,}7$ gearbeitet wird, so sprechen kaum noch Gründe für die Beibehaltung dieses Verfahrens.

Ob, unter all diesen Gesichtspunkten betrachtet, der neuer-dings von Walz[2] gemachte Vorschlag „für die Füllung der Hohl-räume lediglich die porenfreie Masse des erhärteten Zementes (also den Zementstein) als wirksam anzusehen" von praktischem Wert ist, bleibt zum mindesten sehr zweifelhaft.

Auf alle Fälle dürfte es verfrüht sein, jetzt schon nach Voraus-berechnungsmethoden für die Wasserdurchlässigkeit zu suchen, da grundsätzliche Fragen über die Prüfung derselben noch drin-gend der Klärung bedürfen.

Ganz allgemein kann gesagt werden, daß es nach dem heutigen Stand der Forschung sehr fraglich erscheint, ob alle für die Güte (oder eine spezielle Eigenschaft) des Betons maßgebenden — oder doch auf sie einwirkenden — Faktoren in Formeln ein-zufangen sind. Sollte dies tatsächlich einmal gelingen, so hat sich die Nachprüfung derselben zunächst auf zwei Hauptfragen zu erstrecken: 1. sind die Formeln theoretisch richtig und 2. haben sie praktischen Wert. Solange es so fundierte Formeln nicht gibt, bleibt der „praktische Versuch" für jeden beson-deren Fall der einzige Wegweiser.

# V. Zusammenfassung des ersten Teils.

1. Es wurde über Prüfungen zur Auswahl der Zuschlagstoffe für Betonbauten und die Anwendung der daraus gewonnenen Erkenntnisse in der Praxis berichtet.

---

[1] E. Rissel: Zur Frage der Zementfeinmahlung. Zement 1930 S. 1079.
[2] a. a. O.

2. Als Auswahlprinzipien gelten: Wasserundurchlässigkeit und Widerstand gegen chemische Angriffe, bei ausreichender Druckfestigkeit.

3. Die Untersuchungen erstrecken sich auf Prüfung der Wasserdurchlässigkeit und der Druckfestigkeit (chemische Einflüsse werden eingehend in einer besonderen Arbeit behandelt; vorläufige Ergebnisse im 2. Teil).

4. Die höchste Betongüte wurde bei plastischer Verarbeitung erzielt.

5. Die angewendeten Herstellungs- und Prüfmethoden für die Wasserdurchlässigkeits-Prüfkörper und die Auswertung der Prüfungsergebnisse werden begründet. Als charakteristischer Wert für die Wasserdurchlässigkeit bei gleichbleibendem Druck wird das Maximum der Wasserdurchlässigkeit-Zeit-Kurven angesehen. Es wird der Vorschlag gemacht, den ganzen Vorgang der Wasserdurchlässigkeitsprüfung baldigst in Normenvorschriften zusammenzufassen.

6. Für die Prüfungen wurden a) Portland-Jurament und b) Traßportland-Zement 30/70 verwendet.

7. Die Hauptuntersuchungen erstrecken sich auf die Ermittlung des günstigsten Sand-Grob-Verhältnisses für plastischen Beton. Es wird gezeigt, daß im vorliegenden Fall mit $S:Gr = 1:1,7$ (ohne Rücksicht auf die Sandzusammensetzung) nach 28 Tagen Wasserundurchlässigkeit für 20 cm dicke Platten bei 1,3 Atm. Wasserdruck und gute Druckfestigkeit erzielt wurden. Da diese Betoneigenschaften nach der sandreicheren Seite langsam, von $S:Gr = 1:2$ ab aber rasch zurückgehen, wurde für den Bau eine Toleranz bis $S:Gr = 1:1,3$ zugelassen.

8. 20 cm starke Scheiben aus plastischem Bauwerksbeton, der 225 kg Zement im Kubikmeter enthielt, waren nach 28 Tagen unter 1,3 Atm. Wasserdruck fast ausschließlich wasserundurchlässig. Die Druckfestigkeit lag bei 150 kg/cm², wenn Portland-Jurament, und bei 250 kg/cm², wenn Traßportland-Zement zur Verwendung kam.

9. Die Wasserdurchlässigkeit des Bauwerksbetons wurde, wie seine Druckfestigkeit, laufend geprüft.

10. Durch die Untersuchungen mit gießfähigem Beton wurde festgestellt, daß bei Verwendung von Rhein- und Neckarkies und Traßportland-Zement als Bindemittel

a) ein Sand-Grob-Verhältnis von 1 : 1,3 einem solchen von 1 : 1,7 vorzuziehen ist, und daß

b) die Bestwerte für Wasserundurchlässigkeit und Druckfestigkeit mit 50% Feinsandgehalt des Sandes zu erzielen sind.

11. Versuche und Praxis lehrten, daß gießfähiger Beton unbedenklich im Bau in größeren Höhen ohne Unterbrechung eingebracht werden kann.

12. Es wurden experimentelle Unterlagen für den Einfluß der an gießfähigem Beton aufgewendeten menschlichen Sorgfalt und Arbeit erbracht. Die Ergebnisse wurden bei der Beurteilung der „Betongüte" mit berücksichtigt.

13. Versuche mit erdfeuchtem Beton bestätigten die unter 10 b aufgeführten Befunde.

14. Für den Zuschlag des gießfähigen Bauwerkbetons wurde S : Gr = 1 : 1,3 und ein Feinsandgehalt des Sandes von 35÷40% vorgeschrieben.

15. Die Praxis hat gezeigt, daß es möglich ist, bei Verwendung sortierten Materials die Vorschrift nach 14 mit ±5% Streuung einzuhalten.

16. Gießfähiger Bauwerksbeton mit 225 kg Zement pro Kubikmeter, Zuschlag von S : Gr = 1 : 1,3 und etwa 40% Feinsandgehalt des Sandes, war nach 28 Tagen in 20 cm dicken Scheiben praktisch wasserundurchlässig und hatte Festigkeiten von im Mittel 162 kg/cm².

17. Bei Gußbetonbauten ist eine sorgfältige Bau- und Baustoffkontrolle noch mehr am Platze als beim Arbeiten mit Beton anderer Konsistenz. Das Hauptaugenmerk ist, außer auf Einhaltung der richtigen Kornzusammensetzung des Zuschlags, darauf zu richten, daß der kleinstmögliche Wasserzusatz verwendet wird.

18. Der Vergleich unserer Ergebnisse mit anderen Arbeiten zeigt, daß wir, besonders bei gießfähigem Beton, etwas feinsandreicher arbeiten.

19. Ob der Aufbau des Feinmörtels von ausschlaggebendem Einfluß auf die Betongüte ist, müssen weitere Untersuchungen zeigen.

20. Es wird begründet, warum das Verfahren der „Füllungsgrade" unbrauchbar ist.

21. Die Forschung ist noch nicht so weit fortgeschritten, daß auf Versuche verzichtet werden könnte. Versuche haben sich den Fordernissen der Praxis anzupassen.

# Zweiter Teil

# Zementauswahl.

## I. Vorbemerkung.

Es wurde schon hervorgehoben, daß die Materialauswahl für Bauwerke aus Beton, insbesondere für Wasserbauten, nicht unter den gleichen Gesichtspunkten erfolgen sollte, wie diejenige für Bauwerke aus Eisenbeton. Im folgenden wird gezeigt, daß diese Forderung bei der Wahl des Bindemittels noch mehr zu beachten ist als bei derjenigen der Zuschlagsstoffe und der Konsistenz. Bei der Wahl des Bindemittels nun die Literatur als alleinigen Wegweiser zu benützen, ist unseres Erachtens nach untunlich, wenn man bedenkt, daß die Betonforschung sich meist nicht von einer gewissen Einseitigkeit freimachen konnte, indem sie die Druckfestigkeit, allenfalls noch die Biegefestigkeit als „Gütemaßstab" ansah und in ihren Schlußfolgerungen oft dem Fehler verfiel, spezielle Fälle zu verallgemeinern. Vielfach lassen sich auch bestimmte Interesseneinflüsse im Schrifttum verfolgen, die zu manchen scheinbaren Widersprüchen geführt haben. Wir sind deshalb mit Graf der Auffassung, daß „bei wichtigen Arbeiten Anlaß gegeben ist, den Zement durch besondere Versuche auszuwählen"[1], halten diese Versuche für die Baupraxis aber nur dann für wertvoll, wenn sie unter größtmöglicher Anpassung an die für den Bau gegebenen Verhältnisse vorgenommen werden.

Besonderer Wert wird auch im 2. Teil der vorliegenden Arbeit darauf gelegt, am Beispiel zu zeigen, in welcher Weise die Auswahlversuche zweckmäßig vorgenommen werden. Es wird vermieden, allgemeine Ratschläge zu erteilen und die Ergebnisse der beschriebenen Versuche den von anderen Stellen durchgeführten gegenüberzustellen. Dagegen werden im letzten

---

[1] O. Graf: Aufbau des Mörtels und des Betons, S. 104. Berlin: Julius Springer 1930.

Abschnitt die Einflüsse einiger Zementeigenschaften auf
die Wasserdurchlässigkeit und Druckfestigkeit des Betons besprochen, welche aus den beschriebenen Versuchen gefolgert werden konnten.

Die Prüfungen, über die nachstehend berichtet wird, gingen
zum Teil den Untersuchungen zur „Kiesauswahl" parallel. Die
Grundsätze, nach denen die Auswahl erfolgte, wurden im 1. Teil
eingehend erläutert. Geprüft wurden wiederum die Wasserdurchlässigkeit und die Druckfestigkeit des Betons; in
einer zweiten, noch nicht abgeschlossenen Versuchsreihe wird
dessen Widerstand gegen chemische Angriffe untersucht.
Diese Versuchsreihe wird erst nach ihrem Abschluß ausführlich
in einer besonderen Arbeit behandelt werden; in diesem Berichte
werden deshalb nur einige vorläufige Ergebnisse zur weiteren
Begründung der aus der Wasserdurchlässigkeits- und Druckfestigkeitsprüfung gezogenen Schlüsse angeführt.

## II. Die Versuche zur Zementauswahl

wurden mit plastischem Beton aus Rheinkies nach der
in Abb. 3 gezeichneten Kurve IIa durchgeführt, welche einem
Sand-Grob-Verhältnis $= 1 : 1,7$ bei $48\%$ Feinsandgehalt des
Sandes entspricht. Diese Bedingungen wurden für den Versuch
auch dann noch beibehalten, als auf dem Bau schon gießfähiger
Beton mit etwas anderer Kornzusammensetzung verarbeitet
wurde, weil nur so alle Befunde unmittelbar verglichen werden
konnten und weil ferner die Prüfung aller untersuchten Zemente
mit anderer Konsistenz und anderen Zuschlägen der Zeit und der
zur Verfügung stehenden Mittel wegen nicht möglich war. Von
dieser Regel wurde nur bei Ergänzungsversuchen mit solchen
Zementen abgewichen, die zur engeren Auswahl standen, oder
dann, wenn es sich um die Klärung von Einzelfragen handelte.

Bezüglich des Umfanges der Versuche ist zu bemerken, daß
natürlich nicht sämtliche Eigenschaften jeder Zementart systema-
tisch untersucht worden sind, zumal dies unter Berücksichtigung
der Auswahlgrundsätze nicht notwendig war. Auch ist von der
Durcharbeitung aller möglichen Varianten hinsichtlich einer Eigenschaft abgesehen worden, weil wir auf dem Standpunkt stehen,
daß dies der Zementforschung, speziell den Zementherstellern,
überlassen bleiben muß. Eine weitere Einschränkung des Ver-
suchsumfanges resultierte daher, daß für uns als Verbraucher nur
der Vergleich marktfertiger Zemente in Frage kam, welche

ihre Eignung für unsere Zwecke in der Beschaffenheit, wie sie im Handel zu haben sind, erweisen sollten.

Im Laufe der Untersuchungen, deren Anfang bis zum Jahre 1928 zurückreicht, wurde auch eine Reihe von Erfahrungen gesammelt, die wertvolle Fingerzeige für die Fabrikation solcher Zemente ergaben, wie sie der Tiefbauer verlangen muß. Wir kamen dabei zu der Auffassung, daß es nötig und aussichtsreich ist, der chemischen Seite des Problems größere Aufmerksamkeit zu schenken, weil die technischen Fortschritte kaum noch wesentliche Steigerungen der Zementqualität — besonders der von uns zu ihrer Beurteilung herangezogenen Eigenschaften — erwarten lassen. Durch die Ausnützung der in der Baupraxis gewonnenen Erfahrungen über den Einfluß des chemischen Aufbaues der Zemente, ist dem Endziel aller Wünsche — einen „Idealzement" zu schaffen, der allen Anforderungen gleichmäßig genügt und dabei alle selbstverständlichen Eigenschaften, wie „normale" Bindezeit, Raumbeständigkeit usw. aufweist — sicher ein guter Schritt näher zu kommen. — Soweit es im Rahmen der vorliegenden Arbeit angängig erscheint, soll auf einige Fragen dieser Art im letzten Abschnitt eingegangen werden. Zum besseren Verständnis des Gesagten machen wir auf das weiter unten Ausgeführte über den Einfluß der Mahlfeinheit bei verschiedenen Zementsorten aufmerksam und erinnern ferner an das, was über den Einfluß des Wasser-Zement-Faktors auf die Wasserdurchlässigkeit des Betons verschiedener Zemente im 1. Teil berichtet worden ist.

## A. Vorversuche.

Bei den Bauten der Neckarkanalisierung wurde anfangs nach dem auch anderwärts angewendeten Verfahren gearbeitet, den Beton, der unter Wasser zu liegen kommt, mit einer fetten, etwa 20 cm starken „Vorsatzschicht" zu ummanteln. Der „Vorsatzbeton" hatte die Konsistenz von Gußbeton und enthielt 360 kg Zement im Kubikmeter und Zuschlag bis 25 mm Durchmesser. Beim „Kernbeton" begnügte man sich mit 150 kg Zement pro Kubikmeter fertigen Betons, da er, als Stampfbeton verarbeitet, ausreichende Festigkeit bis zu seiner Beanspruchung erlangte. Der Vorsatz sollte also lediglich durch seine Wasserundurchlässigkeit den Kernbeton gegen das Wasser abschließen.

Die Prüfung solchen Vorsatzbetons auf Wasserdurchlässigkeit ergab nun aber, daß der Schutz des Kernbetons durch den Vorsatz nicht sicher gewährleistet ist. Beim Zusammentreffen ungünstiger Umstände, wie zufällige Mindestschichtdicke, schlechtgekörnter Zuschlagstoff und etwas zu hoher Wassergehalt, war dieser Beton stark wasserdurchlässig[1].

Abb. 21 zeigt den Wechsel in der Dicke des Vorsatzes einer Ufermauer. Kleine Nachlässigkeiten der Bauarbeiter konnten zu noch größeren Differenzen führen. — Über den Einfluß ungeeigneter Zuschlagskörnungen und hoher Wasserzusätze haben wir schon berichtet. — Die Möglichkeit des Zusammentreffens dieser drei — und eventuell sonst möglicher — ungünstigen Momente war auf dem Bau gegeben. Wurde der Versuch hierauf eingestellt, so war der Beton wasserdurchlässig.

Diese Feststellung gab Veranlassung, sich gründlicher mit dem ganzen Fragenkomplex zu beschäftigen. Nachdem sich gezeigt hatte, daß eine verhältnismäßig dünne Vorsatzschicht, wie sie oben beschrieben ist, ihren Zweck unter Umständen nicht erfüllt, und daß ein Feinputz[2] noch we-

Abb. 21. Vorsatzbeton verschiedener Schichtdicke (Grenze zwischen Vorsatz- und Kernbeton nachgezeichnet).

---

[1] Diese Wasserdurchlässigkeits-Prüfungen führte die „Bautechnische Versuchsanstalt für Beton- und Eisenbeton" an der T. H. Karlsruhe mit den von uns erstellten Probekörpern durch. Die Herstellung der Versuchskörper und die Prüfungen wurden in der von Merkle (Wasserdurchlässigkeit von Beton, S. 16ff. Berlin: Julius Springer 1927) geschilderten Weise gehandhabt. Der Wasserdruck betrug 1,5 Atm. Bei 10 cm dicken Scheiben wurde ein Wasserdurchgang von 0,023 cm³/cm²/Std. festgestellt. Der Kies hatte ein Sand-Grob-Verhältnis von 1 : 0,8 (Größtkorn 40 mm). Der Sand (0÷7 mm) enthielt 57 % Feinsand (0÷1 mm). Verwendet wurde Portland-Zement, der einer Lieferung für den Bau entnommen war.

[2] Entsprechende Versuche waren sowohl auf dem Bau als auch im Laboratorium angestellt worden. Sie zeigten, daß die Verwendung eines Feinputzes diesen Zwecken nicht entspricht.

niger genügt, wurde untersucht, ob es möglich ist, den Kernbeton durch eine finanziell tragbare Steigerung des Zementgehaltes so wasserundurchlässig zu erhalten, daß auf den Vorsatz ganz verzichtet werden kann. Hierbei war auch auf den Einfluß eines Wechsels in der Zementsorte einzugehen.

Ausgehend von Beton mit etwa dem gleichen Zementgehalt, wie ihn der bis dahin verwendete Kernbeton hatte, wurden drei Reihen mit 159, 185 und 213 kg Portland-Zement pro Kubikmeter fertigen Betons geprüft. Die Ergebnisse der mit diesen Betonarten vorgenommenen Wasserdurchlässigkeits-Prüfungen sind zeichnerisch in Abb. 22 und zahlenmäßig, zusammen mit anderen Versuchsdaten, in Zusammenstellung 9 eingetragen.

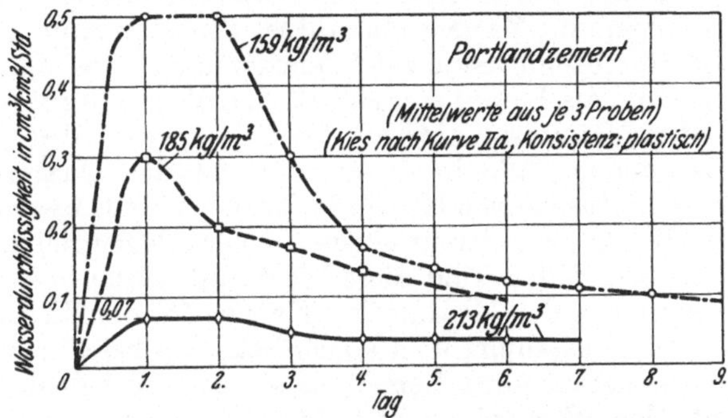


Abb. 22. Tagesdurchschnitte der Wasserdurchlässigkeit von Portland-Zementbeton mit verschiedenem Zementgehalt, bei 1,3 Atm. Wasserdruck.

Die Kurven der Abb. 22 zeigen, daß mit Portland-Zement erst bei einem Gehalt von 213 kg Zement pro Kubikmeter das Gebiet größeren Widerstandes gegen den Wasserdurchgang erreicht war. Damit waren wir zur Norm bezüglich des Mischungsverhältnisses für alle folgenden Versuche gelangt. Bei allen Vergleichsversuchen zur Zementauswahl wurde in der Folge so gemischt, daß 205÷210 kg Zement im Kubikmeter fertigen Betons enthalten waren. Es zeigte sich später, daß bei plastischer Konsistenz des Betons diese Zementmenge nicht überschritten werden durfte, sollte nicht bei der Prüfung besser gemahlener Zemente der Beton vollkommen wasserundurchlässig — und damit für Vergleiche ungeeignet[1] — werden.

In den Abb. 22 und 23 ist die Wasserdurchlässigkeit noch in der für Prüfungen bei konstantem Druck anderwärts bis heute üblichen Weise dargestellt, indem die jeweiligen Tagesdurch-

---

[1] Siehe unsere Ausführungen S. 5 und 19.

schnitte von je 3 Körpern aufgetragen sind. Abb. 22 läßt zwar noch erkennen, welcher Beton bezüglich Wasserundurchlässigkeit der „bessere" ist; doch schon bei der Auswertung der Abb. 23 sahen wir uns vor die Frage gestellt, welche Kurven-Charakteristiken zum Vergleich herangezogen werden sollen, denn der Vergleich machte es nötig, einen den betreffenden Beton kennzeichnenden Wert anzugeben. Charakteristisch für jede Kurve der vorliegenden Art ist aber deren Maximum; nur in Anlehnung an diesen Punkt kann sie bewertet werden, wenn man nicht jeden Körper bis zur Durchgangskonstanz prüfen will. Wir legten deshalb, wie bereits erwähnt, das Maximum selbst unseren Vergleichen zugrunde. In den Zusammenstellungen 9 und 11 und bei allen anderen Angaben wurde in dieser Weise verfahren. Bei den ersten Prüfungen zur Zementauswahl ist das Maximum noch aus den „Tagesdurchschnittskurven" entnommen worden, später wurde allgemein als Regel eingeführt, den Mittelwert aus den Maxima der „Durchlässigkeit-Zeit-Kurven" der Einzelkörper zu bilden. Wo in diesem Bericht das Maximum der Tagesdurchschnitte verwendet wurde, ist dies jeweils besonders bemerkt. Da die Maxima der einzelnen Körper gelegentlich nicht auf den gleichen Tag fallen, sind diese Werte um geringes kleiner als die Mittelwerte aus den Maxima der Kurven für die Einzelkörper.

Aus Zusammenstellung 9 ist ersichtlich, daß bei gleicher Konsistenz mit zunehmendem Zementgehalt das Verhältnis Wasser zu Zement, der Wasser-Zement-Faktor, niedriger ausfällt. Ein Teil der Qualitätserhöhung ist somit auch auf diese Tatsache zurückzuführen.

Die Ergebnisse von Vergleichsversuchen mit verschiedenen Zementsorten, bei gleichem Zementgehalt, hängen, wie weiter unten gezeigt wird, natürlich auch vom Wasser-Zement-Faktor ab. Doch kann dessen Größe, die notwendig ist um bei verschiedenen Zementsorten eine gewisse, aus praktischen Gründen geforderte Konsistenz zu erhalten, in der Praxis nicht ausschlaggebend sein für die Wahl eines Zementes, sofern dessen sonstigen Eigenschaften den Anforderungen genügen. Der Wasser-Zement-Faktor und seine Auswirkung interessieren den Betonpraktiker, wie alle Fragen mehr theoretischer Natur, erst in zweiter Linie, nämlich so weit, als sie ihm Erklärungen für gefundene Resultate liefern und ihm als Fingerzeige für weitere Verbesserungen seines Betons dienen können. Die Versuchsrichtung kann ihm dadurch vorgezeichnet werden, nie aber sollte ihm der Versuch selbst — mit dem zur Verfügung stehenden Material — überflüssig erscheinen.

Zusammenstellung 9.

Wasserdurchlässigkeit und Druckfestigkeit von Beton verschiedenen Zementgehaltes.

| 1 | 2 | | 3 | 4 | 5 | 6 | 7 | 8 | 9 |
|---|---|---|---|---|---|---|---|---|---|
| Zement-menge [1] | Konsistenz [2] $s$ = Setzmaß $a$ = Ausbreitmaß | | Wassergehalt [3] | Wasser-Zement-Faktor $=\dfrac{\text{Wassergewicht}}{\text{Zementgewicht}}$ | Zuschlag | Zement-sorte | Druckfestigkeit nach 28 Tagen (20-cm-Würfel) | Wasserdurch-lässigkeit [4] nach rd. 28 Tagen [5] (Scheiben-Dicke 20 cm) | Bemerkung |
| kg/m³ | | cm | Gew. % | | | | kg/cm² | cm³/cm²/Std. | |
| 159 | plastisch | $s=1$ $a=$ zerfallen | 8,6 | 1,16 | Rheinkies nach Kurve IIa S : Gr = 1 : 1,7 48 % FS. | Portland-Zement (Nr. 593) | 81 | 0,502 | Jeweils Mittel-werte aus 3 Prüf-körpern |
| 185 | | $s=1,5$ $a=$ zerfallen | 7,9 | 0,96 | | | 128 | 0,299 | |
| 213 | | $s=2$ $a=$ zerfallen | 8,1 | 0,86 | | | 135 | 0,070 | |

[1] Durch Ausmessen der Gesamtmischung ermittelt.
[2] Vgl. die entsprechenden Bemerkungen zu den Zusammenstellungen im 1. Teil.
[3] Gewichtsprozent der Trockenmischung.
[4] Hier und in Zusammenstellung 11 ist entsprechend Abb. 22 jeweils das Maximum der „Kurve der Tages-durchschnitte" angegeben, nicht, wie bei allen übrigen Angaben, der Mittelwert aus den Maxima der für jeden Einzelkörper ermittelten „Durchlässigkeit-Zeit-Kurven".
[5] Alter: 28—32 Tage.

Von den Festigkeiten der Zusammenstellung 9 hätten, rein statisch beurteilt, schon die der Reihe mit 159 kg/m³ für unsere Zwecke ausgereicht. Die Festigkeiten konnten also den Ausschlag für die Zementauswahl nicht geben. Sobald erwiesen war, daß die Portlandfestigkeiten sicher erreicht würden, trat die Frage nach der Druckfestigkeit des betreffenden Zementes mehr in den Hintergrund.

## B. Versuche mit verschiedenen Zementsorten.

Die im vorstehenden Kapitel kurz skizzierten Erfahrungen und Überlegungen führten dazu, andere Zementsorten und den damals verwendeten Portland-Zement, mit dem wir offenbar nicht zum Ziel unserer Wünsche kamen, bezüglich der von uns geforderten Eigenschaften des Betons in Vergleich zu setzen. — Die Einrichtung unserer Prüfstelle erlaubte zunächst nur die Prüfung der Wasserdurchlässigkeit und der Druckfestigkeit des Betons. Andere Betoneigenschaften — so der uns besonders interessierende Widerstand gegen aggressive Wässer — konnten erst nachträglich untersucht werden. Wir glauben aber auf Grund unserer gesamten Erfahrungen feststellen zu dürfen, daß die Prüfung von Wasserdurchlässigkeit und Druckfestigkeit und deren richtige Auswertung im allgemeinen für die Zementauswahl zu Betonbauten genügen. In speziellen Fällen — Bauten in hoch aggressivem Wasser oder in stark sauren (Moor-) Böden usw. — sollten die Vorprüfungen unbedingt auch auf die Ermittlung des chemischen Widerstandes des Betons ausgedehnt werden. Steht ein größerer Zeitraum für die Voruntersuchungen zur Verfügung, so kann eine Reihe der Prüfkörper an der Baustelle längere Zeit unter den gleichen Verhältnissen gelagert werden, denen der Bauwerksbeton später ausgesetzt ist, was den Versuchsunterlagen größere Sicherheit gibt und wodurch dann auch der Einfluß des umgebenden Wassers Berücksichtigung findet. Hier war es erst während des Bauens möglich, solche Versuche, auf die wir noch zurückkommen, als Ergänzung zu unseren Voruntersuchungen durchzuführen. Wenige gut fundierte Literaturangaben, einige Reagenzglasuntersuchungen, ähnlich denen, die später auch von anderer Seite in Vorschlag gebracht wurden[1], und die Überlegung, daß kalkarme Zemente chemischen Angriffen den größten Widerstand entgegensetzen werden, mußten uns vorerst eigene

---

[1] Graf-Göbel: Schutz der Bauwerke, S. 35. Berlin: W. Ernst & Sohn 1930.

Versuche ersetzen. Nachträglich konnten wir diesen mehr spekulativen Erwägungen experimentelle Grundlagen geben.

Zur Auswahl standen neben Portland-Zement zunächst noch drei Mischzemente, nämlich zwei Traßportland-Zemente[1] („I" und „II") und Portland-Jurament[2]. Über ihre Zusammensetzung, Mahlfeinheit usw. klärt die Zusammenstellung 10 auf.

Es muß betont werden, daß diese Zemente der laufenden Produktion entnommen sind, eine besondere Auslese seitens der Hersteller also nicht stattgefunden hat. In den Lieferverträgen der Neckarbauverwaltung wird außerdem stets zur Bedingung gemacht, daß die Lieferung in allen Eigenschaften dem zu den Versuchen verwendeten Zement gleichbleibt. Zur Kontrolle dienen laufende Untersuchungen, zu denen Proben aus jedem eingehenden Waggon bzw. jedem Schiffsraum entnommen werden[3]. Dadurch ist gewährleistet, daß bei vorschriftsmäßigem Aufbau des Betons und ebensolcher Verarbeitung die bei den Versuchen ermittelte Betongüte sicher erreicht wird[4].

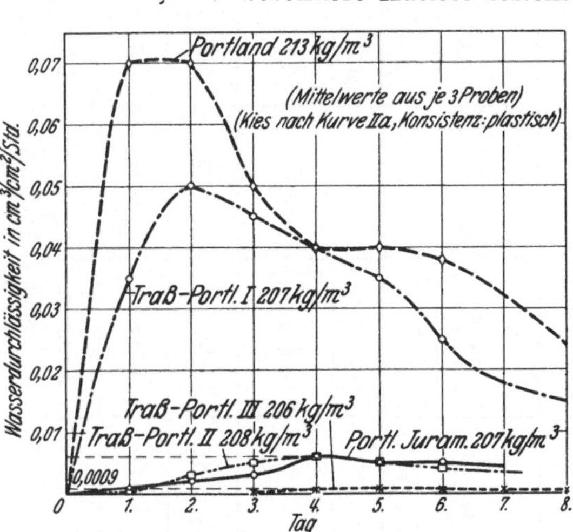


Abb. 23. Tagesdurchschnitte der Wasserdurchlässigkeit von Beton mit verschiedenen Zementsorten.

Die Ergebnisse der Prüfungen auf Wasserdurchlässigkeit und Druckfestigkeit des Betons der genannten 4 Zemente

---

[1] Über die Herstellung finden sich nähere Angaben: Traßportland-Zement. Neuwied: Strüder 1929.

[2] Über die Herstellung finden sich nähere Angaben: Stein Holz Eisen 1928 W. 29.

[3] Näheres bei E. Rissel: Materialprüfungen im Rahmen der Baukontrolle bei Betonbauten. Beton u. Eisen 1929 S. 381. — Über die gesamte hier durchgeführte Bau- und Baustoffkontrolle wird noch an anderer Stelle zusammenfassend berichtet werden.

[4] Vgl. dazu die Prüfungsergebnisse mit Bauwerksbeton im 1. Teil.

Zusammenstellung 10. Eigenschaften der zur Auswahl stehenden Zemente.

| 1 | 2 | 3 | | 4 | 5 | 6 | | | 7 |
|---|---|---|---|---|---|---|---|---|---|
| Zementsorte | Mischung [1] | Abbindezeit [2] Stunden | | Raum-beständigkeit Darr-, Koch-, Kaltwasserprobe | Raumgewicht eingefüllt | Mahlfeinheit Rückst. in % auf Sieb mit . . . . Maschen pro cm² | | | Kalk-gehalt [3] CaO |
| | % | Beginn | Dauer | | kg/l | 900 | 4900 | 10000 | % |
| Portland-Zement | keine | $3^1/_4$ | $6^1/_2$ | bestanden | 1,23 | 1,8 | 14,5 | 29,1 | 63 |
| Portland-Jurament | Portland-Klinker 60 Juraölschieferschl. 30 Hochofenschlacke 10 | $2^3/_4$ | $7^3/_4$ | bestanden | 0,92 | 0,1 | 3,8 | 14,1 | 46 |
| Traßportland-Zement I | Portland-Klinker 75 Rheinischer Traß 25 | $3^1/_2$ | 8 | bestanden | 0,93 | 2,1 | 14,8 | 28,6 | 52 |
| Traßportland-Zement II | Portland-Klinker 70 Rheinischer Traß 30 | 3 | $8^3/_4$ | bestanden | 0,90 | 0,5 | 9,8 | 23,1 | 48 |
| Traßportland-Zement III | Portland-Klinker 70 Rheinischer Traß 30 | $3^1/_4$ | $9^1/_4$ | bestanden | 0,86 | 0,1 | 2,4 | 11,1 | 49 |

[1] Angaben der Hersteller. Gemischt durch gemeinsame Vermahlung. Vgl. unsere Ausführungen zu „Mahlfeinheit" im letzten Teil dieser Arbeit.

[2] Mit der Vicatnadel nach der bis 1932 gültigen Normenvorschrift ermittelt.

[3] Der Kalkgehalt ist nach der von Rissel (Tonind.-Ztg. 1929 S. 105) angegebenen Methode — Titration mit 1 nHCl und $^1/_2$ n NaOH und Bromthymolblau als Indikator — ermittelt. Dieses Prüfverfahren hat sich u. a. bei der laufenden Bestimmung des Traßgehaltes im Traßportland-Zement gut bewährt. Die Genauigkeit von etwa 1 % reicht für die Praxis vollkommen aus. Die angeführten Werte sind Mittelwerte aus mindestens 3 Bestimmungen. Bei Traßzementen muß die Temperatur beim Vortrocknen zwischen 100 und 105° C gehalten werden, da andernfalls leicht Differenzen entstehen, durch Abgabe des locker gebundenen Hydratwassers des Trasses. Thermoregulator zwischenschalten! (Vgl. E. Rissel: Vorrichtungen zur selbständigen Temperaturregelung. Zement 1930 S. 217).

Zusammenstellung 11.

Wasserdurchlässigkeit und Druckfestigkeit von Beton aus den zur Auswahl stehenden Zementsorten.

| 1 | 2 | | 3 | 4 | 5 | 6 | 7 | 8 | 9 | 10 |
|---|---|---|---|---|---|---|---|---|---|---|
| Zementsorte | Konsistenz[1]<br>$s$ = Setzmaß<br>$a$ = Ausbreitmaß<br><br>cm | | Wasser-gehalt<br>Gewichts-% | Wasser-Zement-Faktor[2]<br>$=\dfrac{\text{Wassergewicht}}{\text{Zementgewicht}}$ | Zuschlag[3] | Druck-festigkeit nach 28 Tagen (20-cm-Würfel)<br><br>kg/cm² | Raum-gewicht des Betons nach 28 Tagen<br><br>kg/cm³ | Wasserdurch-lässigkeit[4] nach rund 28 Tagen[5] (Scheibendicke 20 cm)<br>cm³/cm²/Std. | Zement-menge[2]<br><br>kg/m³ | Bemer-kung |
| Portland-Zement | $s = 2$<br>$a$ = zerf. | Plastisch | 8,10 | 0,86 | Rheinkies nach Kurve IIa<br>$S:Gr = 1:1,7$<br>48 % Feinsandgehalt des Sandes | 135 | 2330 | 0,0700 | 213 | Jeweils Mittelwerte aus 3 Prüfkörpern |
| Portland-Jurament | $s = 2$<br>$a$ = zerf. | | 7,25 | 0,79 | | 160 | 2370 | 0,0062 | 207 | |
| Traßportland-Zement I | $s = 3,5$<br>$a$ = zerf. | | 7,78 | 0,85 | | 125 | 2330 | 0,0500 | 207 | |
| Traßportland-Zement II | $\left.\begin{array}{l} s = \\ a = \end{array}\right\}$ zerf. | | 7,78 | 0,85 | | 190 | 2340 | 0,0059 | 208 | |
| Traßportland-Zement III | $s = 5$<br>$a = 50$ | | 6,86 | 0,75 | | 242 | 2380 | 0,0009 | 206 | |

[1] Vgl. Fußnote 2 der Zusammenstellung 9.
[2] Als Zement ist das gesamte Bindemittel gerechnet, also Portlandklinker + hydraulischer Zuschlag.
[3] Näheres siehe im 1. Teil.
[4] Maxima der Tagesdurchschnitte.
[5] Alter der 3 Einzelkörper bei Prüfungsbeginn: 24 — 30 Tage.

sind in den Abb. 23 und 24 wiedergegeben. Die Zusammenstellung 11 bringt Einzelheiten über den Aufbau der verschiedenen Betonsorten.

Die Kurven der Abb. 23 sind, wie diejenigen der Abb. 22, aus den Tagesdurchschnitten der Wasserdurchlässigkeit gebildet. In Abb. 24 sind die Maxima dieser Kurven mit den zugehörigen Festigkeitswerten — nach letzteren geordnet — aufgezeichnet. —

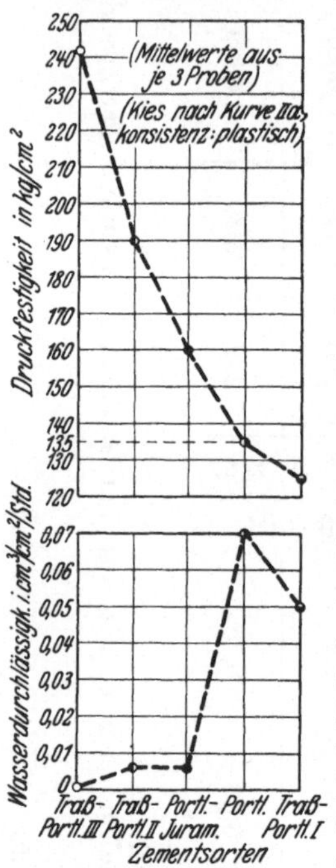


Abb. 24. Wasserdurchlässigkeit und Druckfestigkeit von Beton mit verschiedenen Zementsorten.

In den Abb. 23 und 24 und in den Zusammenstellungen 10 und 11 ist ferner ein Traßportland-Zement „III" mit aufgeführt, über den noch zu sprechen sein wird.

Die Punkte der Abb. 24 sind — wie diejenigen der folgenden Abb. 27 —, der besseren Übersicht wegen durch Linienzüge verbunden. — Wir sehen, daß unter den vier zur ersten Auswahl stehenden Zementen Portland-Jurament und Traßportland-Zement „II" bezüglich der Wasserdurchlässigkeit ihres Betons gleichwertig sind. Portland-Zement wird selbst von Traßportland-Zement „I" übertroffen. Wie groß der Unterschied in der Wasserdurchlässigkeit von Beton aus Portland-Zement und solchem aus Mischzementen ist, ergibt sich deutlich aus Abb. 23. (Die dort für Portland-Zement aufgezeichnete Kurve ist die gleiche wie die in Abb. 22 für Beton mit 213 kg/m³). Dadurch war klar zum Ausdruck gekommen, daß Portland-Zement — von seinem chemischen Aufbau ganz abgesehen — für Wasserbauten wenig geeignet ist. Daß dies ganz allgemein bezüglich dieser Zementsorte gilt, zeigt der spätere Vergleich mit feiner gemahlenem, „hochwertigem" (d. h. frühhochfestem) Portland-Zement (siehe hierzu Abb. 27). Berücksichtigte man noch den höheren Kalkgehalt des Portland-Zementes, so mußte die Entscheidung unbedingt gegen den Portland-Zement fallen. Daß auch dessen Druckfestigkeit von den feiner gemahlenen Mischzementen überflügelt wurde, spielte dabei eine relativ untergeordnete Rolle. Sie wurde bei der Auswertung der Ergebnisse nur zu Vergleichszwecken herangezogen, da viele bautechnische Tabellen und Berechnungsverfahren sich auf die Portland-Festigkeiten aufbauen.

Da Traßportland-Zement II und Portland-Jurament bei praktisch gleicher Wasserdurchlässigkeit die Druckfestigkeit von Portland-Zement sicher erreichten, mußte zur engeren Auswahl der Widerstand gegen chemische Angriffe herangezogen werden. Eigene Betonversuche konnten wegen der Kürze der zur Verfügung stehenden Zeit nicht durchgeführt werden. Durch Kleinversuche waren wesentliche Unterschiede im Verhalten der beiden Zemente gegen aggressive Lösungen nicht festzustellen. Es blieben der um geringes verschiedene Kalkgehalt und die Tatsache, daß mit Portland-Jurament Versuche anderer Stellen vorlagen[1], nach denen dieser Zement gegen aggressive Lösungen bedeutend widerstandsfähiger war als Portland-Zement, während für den jüngeren Traßportland-Zement damals ähnliche Versuche noch fehlten, will man nicht die Erfahrungen mit Gemischen von Traß und Portland-Zement als solche gelten lassen, was, wie wir weiter unten zeigen werden, nicht angängig erscheint.

Eigene Prüfungen wurden übrigens für Portland-Jurament baldigst nachgeholt, und zwar in Form von „Baustellenversuchen". Prüfkörper aus Bauwerksbeton mit 225 kg Zement pro Kubikmeter, von denen ein Teil in den dem Neckar an der Baustelle zufließenden Bergwässern, die bis zu 32 mg freie, davon 13 mg aggressive Kohlensäure enthalten, bei einem $p_H$-Wert[2] von 6,4, ein zweiter Teil in strömendem Neckarwasser, dessen $SO_3$-Gehalt durchschnittlich $140 \div 160$ mg beträgt ($p_H$-Wert $= 6,2$), und ein letzter Teil an der Luft gelagert wurden, zeigten nach einem Jahr weder in der Wasserdurchlässigkeit noch in der Druckfestigkeit beachtenswerte Unterschiede, ließen also keine Angriffe erkennen[3]. Geringe Wasserdurchlässigkeit war nur bei zwei an der Luft gelagerten Körpern festzustellen. Die übrigen Scheiben blieben

---

[1] Zum Beispiel: E. Probst u. K. Dorsch: Zement 1929 S. 292 und 338.

[2] Nach K. Biehl soll „aggressive" Kohlensäure nur dann dem Beton schädlich sein, wenn der $p_H$-Wert des Wassers gleich oder kleiner als 7,0 ist. (Zement 1928 S. 1102). — Die $p_H$-Werte sind mit dem Folien-Kolorimeter nach Wulff ermittelt.

[3] Vgl. Abb. 5, Prüf-Nr. S $54 \div 63$, St. 60—65. — Wasserdurchlässigkeits-Prüfungen von Beton, der in aggressivem Wasser gelagert hatte, wurden damit unseres Wissens nach zum ersten Male durchgeführt. Die Betonforschung hat sich bis heute auf Festigkeits- und verwandte Prüfungen beschränkt, was nach unseren Erfahrungen, über die wir im vorletzten Abschnitt dieser Arbeit näher berichten, zu Fehlurteilen über die einzelnen Zementsorten führen dürfte. Versuche, die sich auf noch längere Zeiträume erstreckten, oder solche mit konzentrierten Lösungen, wie sie wünschenswert gewesen wären, konnten wir erst später in Angriff nehmen. Vorweg sei genommen, daß diese Untersuchungen bis jetzt unsere früheren Befunde und unsere Ansichten im wesentlichen bestätigen.

bei einer siebentägigen Prüfung auf der dem Wasser entgegengesetzten Seite vollkommen trocken. Die Quellwirkung der

Abb. 25. Prüfkörper für Druckfestigkeit und Wasserdurchlässigkeit mit einbetonierten Eisenhaken.

Wasserlagerung war also größer als der chemische Angriff auf den Beton. — Die Druckfestigkeiten von 30-cm-Würfeln lagen über 375 kg/cm² und konnten mit der uns zur Verfügung stehenden Presse nicht mehr ermittelt werden.

Alle bei diesen Versuchen verwendeten Prüfkörper waren, wie Abb. 25 zeigt, mit Eisen-Ösen versehen worden, um die Einlagerung in die verschiedenen Wässer leichter zu gestalten. Nach der Prüfung wurden die Eisen aus dem Beton herausgeschlagen. Alle Eisen waren, soweit sie aus dem Beton herausragten, stark verrostet; die im Beton steckenden Teile aber waren vollkommen rostfrei und hafteten sehr gut am Beton. In Abb. 26 ist ein

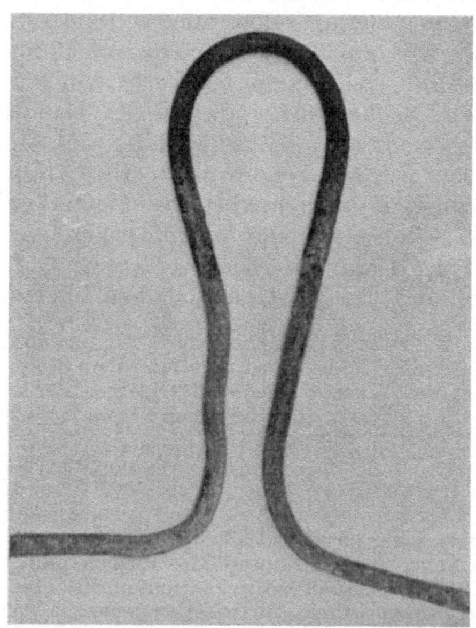

Abb. 26. Eisenhaken von Körpern der Abb. 25.

solches Eisen wiedergegeben. Die Grenze zwischen dem Teil, der einbetoniert war und der oberen Rundung, die im Wasser stand, ist deutlich zu erkennen. Am oberen Teil blätterte der Rost beim Schaben mit dem Messer in Schichten ab. Entfernte man die letzten Spuren von Beton am unteren Teil, so traf man auf blankes Eisen. Damit war die Rostsicherheit des Betons erwiesen, was indirekt auch als Beweis für die Größe des Widerstandes gegen die chemischen Einflüsse des Wassers angesehen werden kann.

Die Ergebnisse von Analysen des Neckar- und Bergwassers sowie diejenigen der Vollanalysen des Portland-Zementes und der beiden zur engeren Wahl stehenden Mischzemente sind nachstehend wiedergegeben:

| Wasser | Neckarwasser mg/l | Bergwasser mg/l |
|---|---|---|
| Abdampfrückstand | 731,00 | 648,00 |
| Glührückstand | 572,00 | 492,00 |
| $SiO_2$ (Kieselsäure) | 13,00 | — |
| $Fe_2O_3 + Al_2O_3$ (Eisen + Aluminium) | 3,60 | 1,20 |
| CaO (Kalk) | 187,60 | 173,00 |
| MgO (Magnesia) | 38,12 | 31,60 |
| $Na_2O + K_2O$ (Alkalien) | 64,19 | 47,42 |
| $SO_3$ (Schwefelsäure) | 145,89 | 107,70 |
| Cl (Chlor) | 97,62 | 97,50 |
| $N_2O_2$ (Salpetersäure) | 7,45 | 7,25 |
| Sauerstoff | 8,65 | 8,85 |
| Organische Substanz | 3,33 | 1,20 |
| Halbgebundene Kohlensäure | 180,40 | 157,40 |
| **Freie Kohlensäure** | 8,80 | **31,68** |
| **Aggressive Kohlensäure** | — | **12,90** |
| Gesamthärte | $24^0$ | $22^0$ |
| Karbonathärte | $12^0$ | $10^0$ |
| Bleibende Härte | $12^0$ | $12^0$ |
| $p_H$-Wert | 6,2 | 6,4 |

| Zement | Portland % | Portland-Jurament % | Traßportland-Zement % |
|---|---|---|---|
| Glühverlust | 2,90 | 2,40 | 4,49 |
| Unlösliches | 1,31 | 16,15 | 9,21 |
| $SiO_2$ | 19,35 | 15,80 | 25,05 |
| $Al_2O_3$ | 5,46 | 7,92 | 6,65 |
| $Fe_2O_3$ | 2,26 | 5,16 | 2,85 |
| **CaO** | **62,48** | **46,60** | **47,06** |
| MgO | 2,85 | 1,42 | 1,30 |
| $SO_3$ | 2,27 | 3,08 | 0,97 |
| Sulfitschwefel | Spur | 0,10 | Spur |
| Alkalien + Rest | 1,12 | 1,37 | 1,92 |
| Summe: | 100,00 | 100,00 | 100,00 |
| Hydr. Modul $= \dfrac{CaO}{SiO_2 + R_2O_3}$ | 2,3 | 1,6 | 1,4 |

Bei genauem Abwägen all unserer Versuchsbefunde gegeneinander mußte gesagt werden, daß Portland-Jurament und Traßportland-Zement „II" für unsere Zwecke praktisch die gleiche Betongüte gewährleisten. Es konnte also nur die Wirtschaftlichkeit den Ausschlag geben. Da beide Zemente von gleicher Qualität waren, wurde diese Entscheidung zu einer reinen Preisfrage. Unter den Verhältnissen, wie sie für den Neckar bestehen, hatte seinerzeit Portland-Jurament den Vorteil. So wurde für die ersten Bauten nach Durchführung der Auswahlversuche Portland-Jurament verwendet. Erst nachdem der Preisunterschied des Traßportland-Zementes ausgeglichen und gleichzeitig seine Qualität um ein Wesentliches gesteigert worden waren, wurde dazu übergegangen, die folgenden Bauten mit Traßportland-Zement auszuführen.

Vergleicht man die Mahlfeinheiten dieser beiden Zemente in Zusammenstellung 10 und die Prüfungsergebnisse ihres Betons in Zusammenstellung 11, so fällt auf, daß der Traßportland-Zement „II" in der Betongüte dem Portland-Jurament gleich ist, obwohl ersterer eine weniger feine Mahlung hat. Bedachte man außerdem, daß der Güteunterschied zwischen Traßportland-Zement „I" und „II" bei der verhältnismäßig geringen chemischen Verschiedenheit, durch die Mahlung bedingt sein muß, so lag der Schluß nahe, daß die Güte des Traßportland-Zementes durch bessere Mahlung wesentlich gesteigert werden könne. Auf eine diesbezügliche Anregung beim Hersteller hin ging Traßportland-Zement „III", dessen Merkmale in Zusammenstellung 10 und 11 mit aufgenommen sind, zur Prüfung ein. Die Qualität seines Betons war eine so hohe, daß die Bauverwaltung sich entschloß, diesen Traßportland-Zement probeweise auf dem Bau zu verwenden, um seine Eignung auch durch Versuch im großen festzustellen. Die Fabrik lieferte für den fraglichen Bauteil den Zement in noch feinerer Mahlung, so daß die früher verzeichneten, überragenden Prüfungsergebnisse mit Bauwerksbeton erhalten wurden[1]. Die Daten für diesen Traßportland-Zement „IV" finden sich in den Zusammenstellungen 12 und 13, sowie in Abb. 27. Der Vergleich mit anderen von uns geprüften Zementen lehrte — siehe Abb. 27 —, daß in diesem Traßportland-Zement ein Bindemittel bester Qualität zur Verfügung steht, dessen maßgebende Güteeigenschaften von keinem der anderen Zemente übertroffen werden. Da mit der Qualitätssteigerung eine Preisregulierung Hand in Hand ging, die Verwendung dieses

---

[1] Siehe Abb. 5.

Zusammenstellung 12. Eigenschaften der zu den Ergänzungsversuchen verwendeten Zementsorten.

| 1 | 2 | | 3 | | | 4 | 5 | | | 6 |
| --- | --- | --- | --- | --- | --- | --- | --- | --- | --- | --- |
| Zementsorte | Abbindezeit[1] Stunden | | Raumbeständigkeit | | | Raum-gewicht eingefüllt | Mahlfeinheit Rückst. in % auf Sieb mit . . . Maschen/cm² | | | Kalk-gehalt[5] CaO |
| | Beginn | Dauer | Darr-probe | Koch-probe | Kalt-wasser-probe | kg/l | 900 | 4900 | 10 000 | % |
| Traßportland-Zement IV | $2^1/_4$ | $6^3/_4$ | b. | b. | b.[2] | 0,92 | 0,1 | 1,2 | 6,9 | 49 |
| „Hochwertiger" Portland-Zement | $2^3/_4$ | $6^3/_4$ | b. | b. | b. | 1,14 | 0,1 | 2,8 | 14,4 | 63 |
| Spezial-Portland-Zement I | $3^1/_2$ | $8^3/_4$ | b. | b. | b. | 1,00 | 0,3 | 5,7 | 9,9[3] | 41 |
| Tonerde-Schmelzzement | 1 | $7^1/_2$ | b. | b. | b.[4] | 1,17 | 0,1 | 5,6 | 18,0 | 35 |
| Hochofen-Zement | $3^1/_2$ | $8^1/_2$ | b. | b. | b. | 1,05 | 0,8 | 4,4 | 9,7 | 54 |
| Spezial-Portland-Zement II | $3^1/_2$ | $8^3/_4$ | b. | n. b. | b. | 1,04 | 0,9 | 10,8 | 14,9[3] | 36 |

[1] Mit der Vicatnadel nach der bis 1932 gültigen Normenvorschrift ermittelt.

[2] b. = bestanden; n. b. = nicht bestanden. Bezügl. der Beurteilung vgl. E. Rissel: Über die Bewertung der Kochprobe. Tonind.-Ztg. 1932 Nr. 18 S. 249. — Über das Abblättern von Kaltwasserkuchen. Ebenda 1931 S. 601.

[3] Zu Versuchszwecken geliefert; auf Laboratoriumsmühle gemahlen.

[4] Die Kuchen versanden.

[5] Vgl. Fußnote 3 zur Zusammenstellung 10.

Zusammenstellung 13.  **Wasserdurchlässigkeit und Druckfestigkeit steigender Wasser-**

| 1 | 2 | 3 | 4 |
|---|---|---|---|
| Zementsorte | Konsistenz[1]<br>$s$ = Setzmaß<br>$a$ = Ausbreitmaß<br>cm | Wasser-<br>gehalt[2]<br><br>Gew.%- | Wasser-Zement-<br>Faktor<br>$=\dfrac{\text{Wassergew.}}{\text{Zementgew.}}$ |
| Traßportland-Zement IV | $s = 2$<br>$a = 44$ | 6,75 | 0,75 |
| Traßportland-Zement III | $s = 5$<br>$a = 50$ | 6,86 | 0,75 |
| Traßportland-Zement II | $s =$ }<br>$a =$ } zerfallen | 7,78 | 0,85 |
| Portland-Jurament | $s = 2$<br>$a =$ zerfallen | 7,25 | 0,79 |
| „Hochwertiger" Port-<br>land-Zement | $s = 6$<br>$a = 45$ | 7,05 | 0,78 |
| Spezial-Portland-<br>Zement I | $s = 5$<br>$a = 48$ | 7,10 | 0,80 |
| Tonerde-Schmelzzement | $s = 6$<br>$a = 50$ | 7,10 | 0,80 |
| Hochofen-Zement | $s = 6$<br>$a = 47$ | 7,05 | 0,79 |
| Traßportland-Zement I | $s = 3,5$<br>$a =$ zerfallen | 7,78 | 0,85 |
| Spezial-Portland-<br>Zement II | $s = 5$<br>$a = 51$ | 7,45 | 0,81 |
| Portland-Zement | $s = 2$<br>$a =$ zerfallen | 8,10 | 0,86 |

(Spalte 2, durchgehend: plastisch)

[1] Vgl. Fußnote 2 der Zusammenstellung 9.
[2] Gewichtsprozente der Trockenmischung.
[3] Näheres siehe im 1. Teil.
[4] Als Zement ist das gesamte Bindemittel gerechnet, also Portland-
klinker + hydraulischer Zuschlag.
[5] Bei den Zementen der Zusammenstellung 11: Maxima der Tagesdurchschnitte, bei allen anderen: Mittel der Einzelmaxima.

von Beton aus verschiedenen Zementsorten, geordnet nach durchlässigkeit.

| 5 | 6 | 7 | 8 | 9 | 10 |
|---|---|---|---|---|---|
| Zu-schlag [3] | Zement-menge [4] kg/m³ | Raumgewicht des Betons nach 28 Tagen kg/m³ | Druckfestigkeit nach 28 Tagen (20-cm-Würfel) kg/cm² | Wasserdurchlässig-keit [5] nach 28 Tagen [6] (Scheibendicke 20 cm) cm³/cm²/Std. | Be-mer-kung |
| Rheinkies nach Kurve IIa S : Gr = 1 : 1,7; 48% Feinsandgehalt des Sandes | 198 | 2340 | 280 | Ø [7] | Alle Prüfungsergebnisse sind Mittelwerte aus jeweils 3 Körpern |
| | 206 | 2380 | 242 | 0,0009 | |
| | 208 | 2340 | 190 | 0,0059 | |
| | 207 | 2370 | 160 | 0,0062 | |
| | 208 | [2350] [8] | [250] [8] | 0,0120 | |
| | 202 | 2370 | 138 | 0,0206 | |
| | 210 | 2380 | 480 | 0,0258 | |
| | 207 | 2410 | 236 | 0,0354 | |
| | 207 | 2330 | 125 | 0,0500 | |
| | 208 | 2370 | 94 | 0,0647 | |
| | 213 | 2330 | 135 | 0,0700 | |

[6] Bei den Zementen der Zusammenstellung 11: Alter bei Prüfungsbeginn 25—30 Tage, bei allen anderen: genau 28 Tage.

[7] Die Scheiben blieben bei einer 14tägigen Prüfung vollkommen trocken, ebenso verhielten sich 10 cm dicke Scheiben.

[8] Geschätzt nach anderen Versuchen mit der gleichen Zementprobe.

Zementes also größter Wirtschaftlichkeit entsprach, und da auf dem Bau und bei der laufenden Kontrolle gute Erfahrungen damit gemacht worden waren, wurden die folgenden Bauten mit Traßportland-Zement erstellt.

Die Praxis hat gezeigt[1], daß die angewandten Auswahlmethoden für Betonbauten richtig sind. Vergleiche unseres Bauwerkbetons mit demjenigen anderer Großbaustellen fallen — soweit vergleichbare Daten bezüglich Zementmenge pro Kubikmeter und Betongüte vorliegen — zugunsten unseres Betons aus.

Daß dieser Erfolg nicht zuletzt der verwendeten Zementsorte zu verdanken war, zeigten ergänzende Vergleichsversuche mit weiteren Zementen. Diese Versuche sind teilweise erst im letzten Jahr zur Durchführung gekommen; sie werden auch jetzt noch fortgesetzt, um möglichst viele Zementarten und -marken zu erfassen[2]. Damit verbunden sind allerdings meist noch besondere Zwecke, so

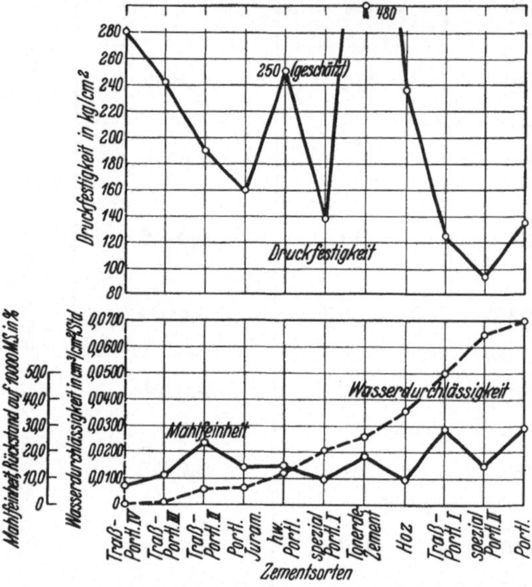


Abb. 27. Wasserdurchlässigkeit und Druckfestigkeit von Beton aus verschiedenen Zementen, sowie deren Mahlfeinheit.

daß es nicht immer angängig ist, die Prüfungen unter gleich einheitlichen Gesichtspunkten, wie bisher, vorzunehmen. Wechsel des Zuschlags und der Konsistenz oder anderer Faktoren sind gelegentlich nötig. Dies bedingt wiederum eine Beschränkung hinsichtlich der Zahl der in einer Versuchsreihe zu prüfenden Zemente. Die einzelnen Versuchsreihen lassen sich jedoch häufig durch Interpolation in Beziehung setzen, so daß ein Urteil mit

---

[1] Siehe Abb. 5.

[2] Außer den in der vorliegenden Arbeit aufgeführten Zementen werden hierbei u. a. „höchstwertiger" Portland-Zement, sowie Mischungen von Traß-Kalk-Zement und Thurament-Zement geprüft. Über die Ergebnisse wird s. Z. berichtet werden.

genügender Sicherheit getroffen werden kann. Hier kann nur kurz auf diese Momente hingewiesen werden, da das zur Verfügung stehendeMaterial nicht erlaubt, mehr als die Versuchsbedingungen und -ergebnisse zu verzeichnen.

Zum Vergleich der Wasserdurchlässigkeit und Druckfestigkeit wurde zunächst die in Abb. 24 verzeichnete Versuchsreihe fortgesetzt. Die zusätzlich geprüften Zemente sind in Zusammenstellung 12, die Ergebnisse aller bis zum Abschluß dieser Arbeit geprüften Zemente in Zusammenstellung 13 und Abb. 27 — nach steigender Wasserdurchlässigkeit geordnet — aufgeführt. Bei dem „hochwertigen" oder — von unserem Standpunkt richtiger —„frühhochfesten" Portland-Zement handelt es sich um eine allgemein als besonders gut anerkannte Marke. Der Hochofen-Zement wurde unter 7 Hüttenzementen als der am besten geeignete ausgesucht.

Zusammenstellung 14. Eigenschaften der zu den Versuchen über den Widerstand gegen chemische Einflüsse verwendeten Zementsorten.

| 1 | 2 | | 3 | 4 | 5 | | | 6 |
|---|---|---|---|---|---|---|---|---|
| Zementsorte | Abbindezeit[1] Std. | | Raumbeständigkeit Darr-, Koch-, Kaltwasserprobe | Raumgewicht eingefüllt | Mahlfeinheit Rückstand in Prozent auf Sieb mit … Maschen/cm² | | | Kalkgehalt[3] CaO |
| | Beginn | Dauer | | kg/l | 900 | 4900 | 10 000 | % |
| Traßportland-Zement 50/50 . . . | $2^1/_4$ | $8^3/_4$ | bestanden[2] | 0,87 | 0,3 | 3,1 | 8,0 | 34 |
| Traßportland-Zement 30/70 . . . | $2^1/_4$ | $8^3/_4$ | bestanden[2] | 0,93 | 0,2 | 2,4 | 6,3 | 46 |
| Spezial-Zement . . . . . . . . . | 3 | 11 | bestanden[2] | 0,95 | 0,8 | 5,5 | 10,4[4] | 48 |
| Hochofen-Zement . . . . . . . . | $2^1/_4$ | $8^1/_2$ | bestanden[2] | 1,10 | 0,4 | 3,8 | 8,9 | 54 |
| „Hochwertiger" Portland-Zement | 4 | $8^1/_2$ | bestanden[2] | 1,15 | 0,1 | 7,1 | 11,9 | 63 |

[1] Mit der Vicatnadel nach der bis 1932 gültigen Normenvorschrift ermittelt. Raumtemperatur: 12—15⁰ C.
[2] Vgl. Fußnote 2 der Zusammenstellung 12.
[3] Ermittelt nach der von Rissel angegebenen Methode (Tonind.-Ztg. 1929, S. 105).
[4] Auf der Laboratoriumsmühle gemahlen.

Mit Ausnahme von zwei Fällen ist der Zementgehalt der vorstehenden Betonmischungen praktisch gleich. Bei Traßportland-Zement IV liegt der Fehler „in der Versuchsrichtung", d. h. trotz des etwas geringeren Zementgehaltes steht Traßportland-Zement IV an der Spitze aller Zemente; bei Spezial-Portland-Zement I dürfte eine Vermehrung des Zementgehaltes um $3 \div 4$ kg/m³ keine grundlegende Verbesserung der Ergebnisse bedingen. — Die Prüfungsergebnisse sprechen für sich selbst.

Eine andere Versuchsreihe, die noch nicht abgeschlossen ist, wird zur Feststellung des Widerstandes gegen chemische Angriffe durchgeführt. Zur Untersuchung kommen hierbei neben Traßportland-Zement aus 30% Traß und 70% Port-

Zusammenstellung 15.   Wasserdurchlässigkeit, Druckfestigkeit und schiedener Lagerung[1], im

| 1 | 2 | 3 | 4 | 5 | 6 |
|---|---|---|---|---|---|
| Zementsorte | Konsistenz[2]<br>$s$ = Setzmaß<br>$a$ = Ausbreitmaß<br><br>cm | Wasser-gehalt[3]<br><br>Gew.% | Wasser-Zement-Faktor[4]<br>$= \dfrac{\text{Wassergewicht}}{\text{Zementgewicht}}$ | Zu-schlag[5] | Zement-menge[4]<br><br>kg/m³ |
| Traßportland-Zement 50/50 | $s = 2$<br>$a = 44$ | 6,60 | 0,74 | | 206 |
| Traßportland-Zement 30/70 | $s = 3$<br>$a = 40$ | 6,68 | 0,75 | | 206 |
| Spezial-Zement | $s = 2$<br>$a = 40$ | 6,80 | 0,77 | Rheinkies nach Kurve IIa S : Gr = 1 : 1,7  48% Feinsandgehalt des Sandes | 205 |
| Hochofen-Zement | $s = 2$<br>$a = 43$ | 6,68 | 0,75 | | 206 |
| „Hochwertiger" Portland-Zement | $s = 1$<br>$a = 45$ | 6,55 | 0,76 | | 207 |

(Spalte 2 durchgehend: plastisch)

[1] Wo bisher nichts über Lagerung gesagt ist, handelt es sich stets um die als „normal" bezeichnete „Luftlagerung", d. h. die Körper blieben bis zum 7. Tage unter feuchten Tüchern und lagerten dann auf Lattenrosten an der Luft (alle Körper für Versuche im gleichen Raum bei 15—18⁰ C). Diese Lagerung entsprach den „Bestimmungen des D. A. f. E." für Würfel. (Siehe auch E. Rissel: Neue Formen und einfache Apparatur zur Bestimmung der Wasserdurchlässigkeit von Beton. Zement 1930 S. 532).

[2] Vgl. Zusammenstellung 3, Fußnote 5.

[3] Gewichtsprozente der Trockenmischung.

landklinker, ein Traßportland-Zement aus 50% Traß und 50% Portlandklinker, ein „hochwertiger" Portland-Zement, ein Hochofen-Zement und ein Spezial-Zement. Ihre Eigenschaften sind aus Zusammenstellung 14 zu ersehen.

Den Aufbau des mit diesen Zementen hergestellten Betons zeigt Zusammenstellung 15. Da Zuschlag und Konsistenz gleich wie bei den Versuchen über Wasserdurchlässigkeit und Druckfestigkeit gehalten sind, bilden die Prüfungen über die chemischen Einflüsse in gewissem Sinne eine Fortsetzung der in Abb. 27 aufgetragenen Ergebnisse. Zu beachten ist, daß zur Wasserdurchlässigkeits-Prüfung im ersten Fall 20 cm dicke, im zweiten aber 10 cm dicke Scheiben benutzt wurden.

**Raumgewicht von Beton aus verschiedenen Zementen, bei ver-Alter von 28 Tagen.**

| 7 | | | | | 8 | | | | | 9 | | | | |
|---|---|---|---|---|---|---|---|---|---|---|---|---|---|---|
| Raumgewicht[7] kg/m³ bei Lagerung[6] in | | | | | Druckfestigkeit[7] kg/cm² (20-cm-Würfel) bei Lagerung[6] in | | | | | Wasserdurchlässigkeit[7] cm³/cm²/Std. (Scheibendicke 10 cm) bei Lagerung[6] in | | | | |
| Luft | halb Wasser | Wasser | halb Gips. | Gips-lösung | Luft | halb Wasser | Wasser | halb Gips. | Gips-lösung | Luft | halb Wasser | Wasser | halb Gips-lösung | Gips-lösung |
| 2360 | 2380 | 2410 | 2380 | 2400 | 170 | 151 | 144 | 150 | 136 | 0,0089[8] | nicht ausgeführt! | Ø[9] | 0,0024 | 0[10] |
| 2410 | 2390 | 2405 | 2395 | 2415 | 197 | 187 | 181 | 171 | 151 | 0,0189 | | 0,0033 | 0,0366 | 0,0021 |
| 2365 | 2410 | 2430 | 2415 | 2415 | 161 | 133 | 135 | 134 | 130 | 0,0128 | | 0,0020 | 0,0131[8] | 0,0029 |
| 2385 | 2420 | 2435 | 2450 | 2440 | 223 | 206 | 192 | 174 | 184 | 0,0171 | | 0,0009 | 0,0242 | 0,0024 |
| 2375 | 2420 | 2430 | 2435 | 2430 | 276 | 230 | 220 | 204 | 197 | 0,0879 | | 0,0221 | 0,0255 | 0,0597 |

[4] Vgl. Fußnote 2 der Zusammenstellung 11.
[5] Näheres im 1. Teil.
[6] Näheres siehe Text.
[7] Mittelwerte aus je 2 Körpern. Die Wasserdurchlässigkeit ist als Mittelwert der Einzelmaxima angegeben.
[8] Eine Scheibe beim Einspannen zerbrochen.
[9] Die 10 cm dicken Körper blieben bei einer 7tägigen Prüfung auf der dem Druckwasser gegenüberliegenden Seite vollkommen trocken.
[10] Feuchte Stellen, keine Tropfenbildung.

Von jeder Zementsorte wurden je 30 Würfel und 8 Scheiben gefertigt und 5 verschiedenen Lagerungsarten unterworfen. Für die ganze Versuchsreihe sind 3 Altersstufen vorgesehen, von denen die Ergebnisse der ersten, der 28 tägigen, hier als vorläufige Mitteilung wiedergegeben und kurz besprochen werden. Eine endgültige Bewertung behalten wir uns bis nach Abschluß der ganzen Versuchsreihe vor. — Die große Zahl der gewählten Varianten machte es nötig, sich für die Einzelprüfung auf die kleinstmögliche Anzahl an Versuchskörpern zu beschränken. Nach sorgfältiger Erwägung und nach Vergleich der bei unseren Versuchen vorgekommenen Streuungen[1] wurden für jede Prüfung 2 Würfel 20/20 und 2 Scheiben von 10 cm Dicke verwendet. Alle Körper blieben zunächst bis zum 7. Tage unter feuchten Tüchern. Diejenigen, welche nach 28 Tagen geprüft wurden, kamen anschließend in die entsprechenden Medien. Die Würfel für die zwei anderen Altersstufen blieben vom 7. bis zum 28. Tage an der Luft und wurden erst dann in die nachstehend beschriebenen Medien eingelagert. Die Scheiben werden nach der ersten Prüfung, für die jeweils eine Dauer von 7 Tagen angenommen ist, allseitig gut mit Wasser abgespült und wieder dem Lagerungsort zugeführt, dem sie entstammen. Für alle Altersstufen wurden also für jeden Zement nur 8 Scheiben benötigt.

Luftlagerung ist für alle Prüfungen vorgesehen. Der Beton bleibt nach siebentägigem Erhärten unter feuchten Tüchern bis zum Prüfungstag an der Luft von Zimmertemperatur. Temperaturgrenzen für alle Lagerungsarten: $15 \div 18^0$ C.

Als eigentlicher Vergleich gilt die Lagerung in gesättigter Gipslösung; für die Prüfungen nach 28 Tagen wurden dieser Lösung noch 1 g freie Schwefelsäure und 1 g Kochsalz pro Liter zugesetzt.

Wasserlagerung ist mit einbezogen worden, da sich bei anderen Prüfungen (siehe S. 59!) gezeigt hatte, daß der dichtende Einfluß des Wassers auf die Wasserdurchlässigkeit stärker sein kann als der chemische Angriff der Salze.

Als „halb in Gipslösung" bzw. „halb in Wasser" ist die Lagerung bezeichnet, wie sie auch von anderen Stellen für Beton-

---

[1] Laufende Prüfungen von Zement auf Druckfestigkeit mit Betonwürfeln 20/20, die sich über einen Zeitraum von über 3 Jahren erstreckten, bestätigten einerseits die auch anderwärts festgehaltene Tatsache, daß bei dieser Prüfungsart kleinere Streuungen vorkommen, als bei der Prüfung nach den Normen und lehrten andererseits, daß die Betonprüfungen auf Änderung der Zementqualität schärfer reagieren als die Mörtelprüfungen nach den Normen.

versuche verwendet wurde[1]. Die Körper werden nur zum Teil in die Flüssigkeit gestellt, der übrige Teil ragt in die Luft. Diese Art der Lagerung wurde hier mitverwendet, da sie den praktischen Verhältnissen sehr nahe kommt! — Wir haben allerdings davon abgesehen, das Höhersteigen der Flüssigkeiten zu messen, da dessen Ausmaß nach unseren Erfahrungen sehr von den um geringes verschiedenen Außenhäutchen und -flächen der Betonkörper, also von Zufälligkeiten abhängig ist. Die 20-cm-Würfel stehen 2 cm in der Flüssigkeit. Der Ausdruck „halb" ist nur der Kürze wegen gebraucht, was besonders hervorgehoben sei, um Verwechslungen vorzubeugen. Die Scheiben standen bis zum Alter von $1/4$ Jahr ebenfalls nur 2 cm in der Lösung — „Halb-Wasserlagerung" mußte aus Raummangel wegfallen —, wurden aber dann 7 cm tief eingetaucht.

Das Gipswasser enthält bei der Lagertemperatur etwa zehnmal mehr $SO_3$-Ionen als das Neckarwasser. Die Lösung ist mit Leitungswasser bereitet, so daß außer dem zugesetzten Kochsalz auch andere Salze auf den Beton einwirken können ($MgSO_4$). Wir haben uns zu dieser Art der Prüfung entschlossen, da wir den Verhältnissen der Praxis möglichst nahe kommen wollten. Eine „Konzentration" der Lösung, die durch Zugabe von Kochsalz erreicht wurde, war jedoch angezeigt, wollte man in Zeiträumen von $1 \div 1^1/_2$ Jahren zum Abschluß der Prüfungen gelangen. Einzelheiten werden bei Veröffentlichung der Gesamtergebnisse mitgeteilt. Hier sei nur hervorgehoben, daß die Versuchsbedingungen für jede Betonsorte jeweils die gleichen waren.

Die bisherigen Ergebnisse, die Zusammenstellung 15 zeigt, sind in den Abb. 28 und 29 zeichnerisch dargestellt.

**Der verschiedene Verlauf der die Punkte verbindenden Linien mahnt zur Vorsicht bei der Auswertung.** Eindeutig ist bis jetzt nur zu erkennen, daß Traßportland-Zement 50/50 bei der Prüfung auf Wasserdurchlässigkeit bei jeder Lagerung und bezüglich der prozentualen Schädigung durch die chemischen Angriffe am günstigsten abschneidet. An letzter Stelle steht der „hochwertige" Portland-Zement. Die Rangordnung der übrigen Zemente ist noch nicht eindeutig festzulegen. Bei der Druckfestigkeit ist der schädigende Einfluß etwa dem bei jeder Betonsorte erreichten Höchstwert proportional.

---

[1] E. Probst: Mörtel und Beton. Zement 1928 S. 943. — Graf-Göbel: Schutz der Bauwerke, S. 47. Berlin: W. Ernst & Sohn 1930.

Die Linien der Abb. 28 und 29 verlaufen weder gleich noch
spiegelbildlich gleich. Ein Beweis dafür, daß aus Druckfestigkeits-
Prüfungen allein nicht auf das Verhalten des Betons in aggressivem
Wasser geschlossen werden sollte.

Des weiteren entnehmen wir den Ver-
suchsergebnissen die Überlegenheit
kalkarmer Zemente für Tiefbauten,

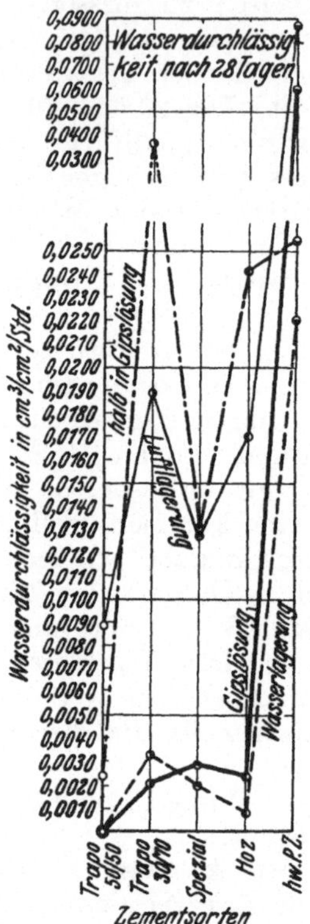


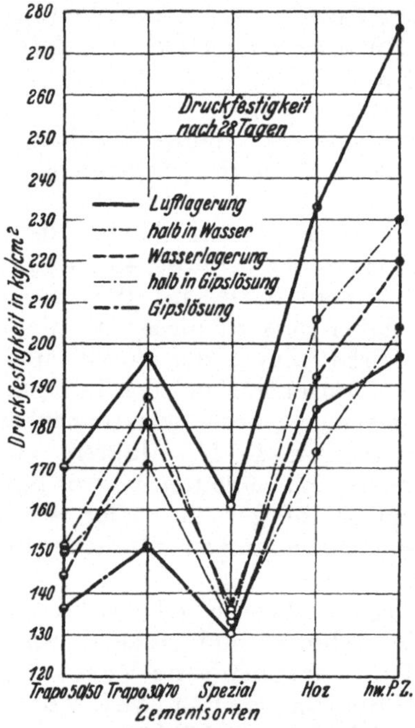


Abb. 28. **Wasserdurchlässigkeit**
von Beton **aus** verschiedenen
Zementen, bei verschiedener Lagerung, im Alter von 28 Tagen.

Abb. 29. Druckfestigkeit von Beton aus verschiedenen Zementen, bei verschiedener Lagerung, im Alter von 28 Tagen.

also die Bestätigung eines unserer Auswahlprinzipien. Die im einzelnen oft sehr verschiedenen Prüfungsergebnisse lehren aber auch,
daß eine Zementauswahl nach nur einer Eigenschaft, z. B. Kalkgehalt oder Mahlfeinheit, nicht angängig ist, selbst wenn diese für
eine oder sogar alle Zementsorten als von ausschlaggebender Bedeutung erkannt wurde. Das Zusammenspiel aller Komponenten, wie
chemischer Aufbau, Brand, physikalische Beschaffenheit usw.,
ist so vielseitig, daß im Einzelfall nur der „praktische Versuch"

den Ausschlag für die Beurteilung geben kann. — Diese Versuche und die S. 60 angeführten Prüfungsergebnisse zeigen, daß bei den für die Bauten der Neckarkanalisierung ausgewählten Zementen keine Bedenken bezüglich des Widerstandes ihres Betons gegen aggressive Wässer gehegt werden brauchen[1].

Erwähnt sei noch, daß mit den Versuchen über die Einwirkung von gewöhnlichem und $SO_3$-haltigem Wasser eine Prüfung des durch die einzelnen Zementsorten gewährten Rostschutzes Hand in Hand geht. In die Mitte der Probewürfel wurden 5 cm lange Eisenstäbchen eingebettet, die nach dem Pressen herausgeschlagen und untersucht werden. Nach 28 Tagen konnte nicht nur bei keiner der fünf Zementsorten ein einziges Eisen mit Rostansatz gefunden werden, sondern die rostig eingebrachten Eisen waren entrostet (die blanken Schnittflächen waren noch blank) und hafteten gut am Beton. Einflüsse der verschiedenen Lagerungsarten konnten nicht festgestellt werden.

Gewisse Möglichkeiten, die Weiterentwicklung der Festigkeiten der letzten Versuchsreihe zu schätzen, gibt eine Prüfung der Nacherhärtung verschiedener Zementsorten bei plastischer

Abb. 30. Lagerung der Betonkörper.

und erdfeuchter Verarbeitung. Diese wurde schon früher durchgeführt, da Zweifel darüber bestanden, ob bei den verwendeten kalkarmen Zementen in plastischer Verarbeitung überhaupt eine nennenswerte Nacherhärtung zu verzeichnen wäre.

Zusammenstellung 16 läßt erkennen, daß sowohl für Portland-Jurament als auch für Traßportland-Zement mit einer guten Nacherhärtung zu rechnen ist.

Durch Abb. 31 kommt übrigens zum Ausdruck, daß die Erhärtungsenergien ungefähr um so rascher verbraucht werden, je höher die Anfangsfestigkeiten (28-Tage-Festigkeiten) der Zemente liegen[2]).

---

[1] Die Verallgemeinerung, statt $SO_3$-haltige Wässer aggressive Wässer zu setzen, geschieht auf Grund anderer Versuche, die eine gewisse Parallelität im Verhalten verschiedener Zementsorten gegen $SO_3$ und andere Agenzien, z. B. $CO_2$, erkennen ließen.

[2] In Abb. 31 sind die Werte für erdfeuchten Beton durch ausgezogene, diejenigen für plastischen Beton durch gestrichelte oder strichpunktierte Linien verbunden. — Näheres ist der Zusammenstellung 16 zu entnehmen.

Zusammenstellung 16. Nacherhärtung von erdfeuchtem und plastischem Beton bei Verwendung verschiedener Zementsorten.

| 1 | 2 | | 3 | 4 | 5 | 6 | 7 | 8 | 9 | 10 | 11 | 12 | 13 | |
|---|---|---|---|---|---|---|---|---|---|---|---|---|---|---|
| Zementsorte[1] | Konsistenz[2] | | Wassergehalt Gewichts-% | Wasser-Zement-Faktor $=\dfrac{\text{Wassergewicht}[3]}{\text{Zementgewicht}}$ | Zuschlag[4] | Zementmenge kg/m³ | Druckfestigkeit[5] nach 28 Tagen kg/cm² | Raumgewicht nach 28 Tagen kg/m³ | Druckfestigkeit[5] nach 90 Tagen kg/cm² | Raumgewicht nach 90 Tagen kg/m³ | Druckfestigkeit[5] nach 360 Tagen kg/cm² | Raumgewicht nach 360 Tagen kg/m³ | Nacherhärtung in Prozent bezogen auf $W_{28}=100\%$ bis 90 Tage | bis 360 Tage |
| | Bezeichnung | $s=$ Setzmaß $a=$ Ausbreitmaß cm | | | | | | | | | | | | |
| **Portland-Jurament** | erdfeucht | $s=0$ $a=$ zerf. | 6,23 | 0,68 | Rheinkies nach Kurve I $S:Gr=1:0{,}75$ Feinsandgehalt des Sandes $=55\%$ | 200 | 117 | 2240 | 157 | 2290 | 195 | 2310 | 34 | 67 |
| | stark plastisch | $s=4$ $a=38$ | 9,10 | 1,00 | | 202 | 71 | 2250 | 97 | 2280 | 116 | 2300 | 37 | 63 |
| **Traßportland-Zement III** | erdfeucht | $s=0{,}5$ $a=$ zerf. | 6,82 | 0,75 | | 198 | 182 | 2295 | 228 | 2290 | 283 | 2295 | 25 | 56 |
| | stark plastisch | $s=8$ $a=48$ | 9,45 | 1,04 | | 200 | 132 | 2280 | 179 | 2280 | 204 | 2310 | 36 | 55 |
| **„Hochwertiger" Portland-Zement** | erdfeucht | $s=0$ $a=$ zerf. | 6,49 | 0,76 | | 188 | 197 | 2275 | 250 | 2260 | 320 | 2300 | 27 | 63 |
| | stark plastisch | $s=7$ $a=40$ | 9,18 | 1,12 | | 181 | 109 | 2265 | 121 | 2250 | 172 | 2290 | 11 | 58 |
| **Tonerde-Schmelz-zement** | erdfeucht | $s=0$ $a=$ zerf. | 6,55 | 0,72 | | 202 | 393 | 2275 | 440 | 2290 | 450 | 2300 | 12 | 15 |
| | stark plastisch | $s=4$ $a=42$ | 9,45 | 1,04 | | 204 | 305[6] | 2300 | 306 | 2290 | 320 | 2300 | 0,3 | 0,5 |

[1] Zemente nach Zusammenstellungen 10 und 12.    [2] Vgl. Fußnote 5, Zusammenstellung 3.
[3] Vgl. Fußnote 2, Zusammenstellung 11.    [4] Näheres im 1. Teil dieser Arbeit.
[5] Mittelwert von je 2 Stück 20-cm-Würfeln.
[6] 1 Würfel nach 1 Tag gedrückt: $W_1 = 170$ kg/cm², Raumgew. $= 2310$ kg/m³.

Diese Versuchsreihe fand Erwähnung, da sie im Vergleich mit den vorausgehend besprochenen Untersuchungen lehrt, wie wenig Festigkeitsprüfungen allein zur Qualitätsbeurteilung eines Betons geeignet erscheinen. Die „hochwertigen" Zemente mit ihren „überzüchteten" Anfangsdruckfestigkeiten erwiesen sich bei anderen Prüfungen als sehr wenig „hochwertig". Es wäre an der Zeit, bei allen Zementen, die nicht neben der hohen Anfangsdruckfestigkeit weitere, dieser ebenbürtigen Eigenschaften, z. B. hohen Widerstand gegen chemische Angriffe, aufweisen, das den Verbraucher leicht irreführende „hochwertig" durch „frühhochfest" zu ersetzen, wie dies in Österreich schon bei Einführung solcher Zemente geschah.

Sehr deutlich wird auch aus Abb. 31, mit welcher Skepsis man den Formeln für die Vorausbestimmung der Druckfestigkeit begegnen muß, soweit solche sich nicht auf eine bestimmte Zementsorte und eine bestimmte Konsistenz des Betons beschränken.

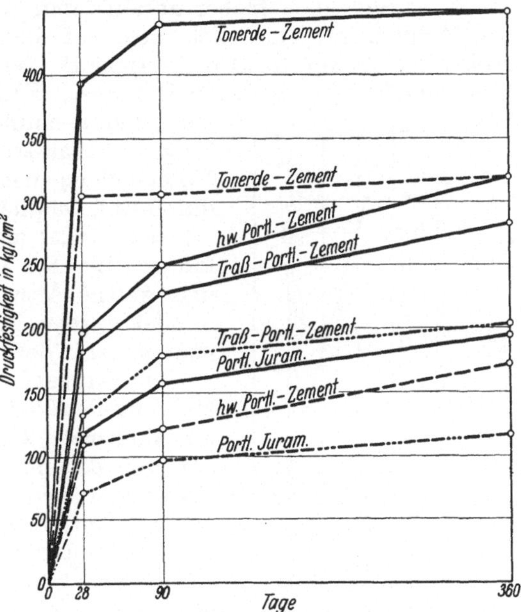


Abb. 31. Würfelfestigkeiten verschiedener Zementsorten nach 28, 90 und 360 Tagen.

Es liegt außerhalb des Rahmens dieser Arbeit, über weitere Untersuchungen (Frosteinwirkung, Einfluß verschiedener Zuschlagsarten gleicher Körnung usw.), die zur Ergänzung und Sicherung der Zementauswahl unternommen wurden, zu berichten. Zusammenfassend sei nur gesagt, daß sich die im Bau verwendeten Zemente, also Portland-Jurament und Traßportland-Zement, bei all diesen Prüfungen bewährten, und daß somit die eingeschlagenen Wege zur Auswahl als richtig bestätigt wurden.

# III. Einfluß verschiedener Zementeigenschaften auf Wasserdurchlässigkeit und Druckfestigkeit von Beton.

## A. Einfluß der Mahlfeinheit.

Es wurde schon früher darauf hingewiesen, daß der Einfluß der Mahlfeinheit eines Zementes auf die Wasserdurchlässigkeit größer ist als auf die Druckfestigkeit[1]. Da über das Problem des „bestgemahlenen" Zementes in neuester Zeit wieder viel diskutiert wird, konnte empfohlen werden, die Prüfung auf Wasserdurchlässigkeit zu den Untersuchungen mit heranzuziehen. Hierdurch sind Qualitäts-Unterschiede sicherer festzustellen als durch Festigkeitsprüfungen. Welcher Maßstab dabei gewählt und welche Auswertungsmethode angewendet werden, spielt keine Rolle, wenn man immer in der gleichen Weise vorgeht.

Für Vergleiche über den Einfluß der Mahlung ist Voraussetzung, daß es sich um die gleiche Zementsorte handelt und daß der Zement stets auf der gleichen Mühle gemahlen wird. Strenggenommen dürften nur Zemente aus den genau gleichen Ausgangsmaterialien in Vergleich gesetzt werden. Für erste Gegenüberstellungen erscheint es jedoch angängig, sich mit den beiden zunächst genannten Bedingungen zu begnügen.

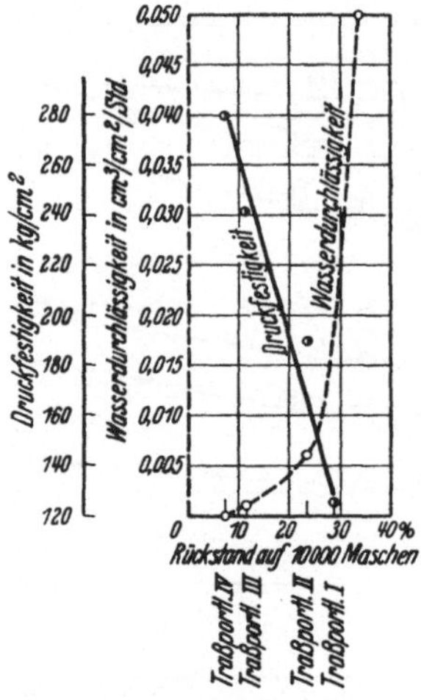


Abb. 32. Wasserdurchlässigkeit und Druckfestigkeit von Beton aus 4 Traßportland-Zementen etwa gleicher Zusammensetzung, in Abhängigkeit von der Mahlfeinheit.

Läßt man die Kornabstufung unberücksichtigt, die besonders für den Durchgang durchs 10000-Maschensieb (DIN 1171, Nr.100) umständlich und nur mit größeren Fehlern zu ermitteln ist, und setzt man die Prüfungsergebnisse der weiter oben beschriebenen Traßportland-Zemente I÷IV in Beziehung zu ihren Rückständen auf dem Sieb Nr. 100, so ergeben sich die in Abb. 32 aufgetragenen Linienzüge.

Die Druckfestigkeit steigt hiernach mit zunehmender Feinmahlung linear an. Die Wasserdurchlässigkeits-Abnahme ist durch eine Kurve gekennzeichnet, deren stärkste Krümmung etwa bei

---

[1] E. Rissel: Zur Frage der Zementfeinmahlung. Zement 1930 S.1079.

20% Rückstand liegt. Während also die Druckfestigkeit proportional mit Abnahme des Rückstandes stetig zunimmt, ist die Abnahme der Wasserdurchlässigkeit bei zunehmender Mahlfeinheit zunächst bis zu einem Rückstand von 20% sehr stark, von da ab aber verhältnismäßig gering. Es muß demnach von 20% Rückstand ab schon sehr viel feiner gemahlen werden, soll noch eine nennenswerte Herabminderung der Wasserdurchlässigkeit erreicht werden. — In diesem Mahlfeinheitsgebiet können sich Unterschiede der Mahlung also stärker bei der Prüfung auf Festigkeit auswirken als bei derjenigen auf Wasserdurchlässigkeit. Es darf indessen nicht übersehen werden, daß bezüglich der Prüfung auf Wasserdurchlässigkeit die Möglichkeit besteht, die Reaktionsfähigkeit durch Änderung der Versuchsbedingungen (z. B. Wasserdruck, Scheibendicke usw.) zu erhöhen. —

Für die Traßportland-Zemente ist also zu fordern, daß sie keinen größeren Rückstand als 20% auf dem Sieb Nr. 100 hinterlassen, wenn sie auf der gleichen Mühle gemahlen werden wie die Traßportland-Zemente I÷IV. Daß ein anderes Mühlensystem andere Ergebnisse zeitigt, darf als sicher angenommen werden. Ebenso dürften sich für andere Zementsorten die Verhältnisse insofern ändern, als die Kurven der Abb. 32 steiler oder flacher verlaufen können. Andeutungsweise kann dies für Hochofen-Zement einem Vergleich der Zusammenstellungen 13 und 15 entnommen werden: Mit 9,7% Rückstand ergibt sich bei 20-cm-Scheiben noch eine Durchlässigkeit von 0,0354 cm$^3$/cm$^2$/Std.; mit 8,9% Rückstand aber zeigen 10-cm-Scheiben nur noch 0,0171 cm$^3$/cm$^2$/Std. Wasserdurchgang. Danach wäre anzunehmen, daß für die Wasserdurchlässigkeit von Hochofen-Zement-Beton die stärkste Krümmung der Kurve bei etwa 8% Rückstand läge. Daß es sich hierbei um eine ganz grobe Schätzung handelt, geht schon daraus hervor, daß die Festigkeiten der beiden Hochofen-Zemente von 236 kg/cm$^2$ auf 223 kg/cm$^2$ zurückgehen. Es müssen also auch noch andere Unterschiede außer der Mahlfeinheit bestehen.

Für Traßportland-Zement und vermutlich auch für andere Mischzemente kommt der hohen Feinmahlung noch eine andere Bedeutung zu. Eine wirklich innige Mischung von Traß und Klinkermehl ist nur durch gemeinsames Vermahlen zu erreichen[1]. Daß bei Traßportland-Zement diese innige Mischung bei

---

[1] Eigene Versuche bestätigten diese schon aus der Frühzeit der Hochofen-Zementfabrikation bekannte Tatsache. Bei den Versuchen konnten Zement und ein Farbstoff weder durch Handmischung noch durch Schütteln in einer Trommel — entsprechend dem Vormischen bei Verwendung von

einem gewissen Prozentsatz des Klinkers offenbar bis zur che mischen Bindung mit Teilen des Trasses führt, machen folgende
Untersuchungen wahrscheinlich:

Bei einem Traßportland-Zement 30/70 wurde versucht, den
Traßgehalt durch eine spezifizierte Schwebeanalyse zu bestimmen.
Der spezifisch leichtere Traß (spez. Gew. rund 2,5) sollte durch
Schütteln in Bromoform, $CHBr_3$ (spez. Gew. 2,83), vom Portland-
Klinker (spez. Gew. rund 3,2) getrennt werden. Die in der Minera-
logie für ähnliche Zwecke viel gebrauchte Schwebeanalyse wurde,
durch Zentrifugieren der Suspension von Traßportland-Zement in
Bromoform, etwas handlicher gestaltet[1]. Gefunden wurden:

1. 45% „Traß" und 54% Klinker,
2. 44% „Traß" und 55% Klinker.

Selbst bei Annahme eines Versuchsfehlers von $\pm 5\%$ ergäbe
sich ein zu hoher Traßgehalt. Nach der chemischen Analyse
(gravimetrisch) hatte der Traßzement

1. 46,13   und   2. 46,05% CaO.

Daraus errechnet sich, bei einem Kalkgehalt des Klinkers von rund
64% und einem solchen von 2% für Traß, nach der Gleichung

$$\text{Traßgehalt} = \frac{(64 - 46) \cdot 100}{64 - 2}\ \%$$

ein Verhältnis von rund 30 Teilen Traß : 70 Teilen Klinker.

---

Traß und Zement statt Traßzement — so innig vermischt werden, daß
mit unbewaffnetem Auge unter einer Glasscheibe die beiden Farben nicht
mehr voneinander zu unterscheiden waren. Erst durch Handmischung und
Trommelmischung und mehrmaliges Durchtreiben durch ein 0,6-mm-Sieb
wurde ein einheitlicher Farbton erhalten. — Daß das Vormischen auf der
Baustelle nicht zu besseren Resultaten führt, lehrten Betonkörper aus
Bauwerksbeton einer anderen Baustelle. Dort wurden Traß und Hochofen-
Zement verwendet. Der Beton war, trotzdem er mehr Zement (Zement
ohne Traß!) enthielt als unser Bauwerksbeton, stark wasserdurchlässig.
Die Betonkörper ließen nach dem Durchschlagen auf dem bläulichen Grund
des Hochofen-Zement-Betons deutlich weiße Schichten von Traß erkennen.
Von einer innigen Mischung konnte also keine Rede sein. — Es ist uns
daher ganz unerklärlich, wie von anderer Seite (Zbl. Bauverw. 1931 S. 641)
gefunden werden konnte, daß vorgemischte Gemenge von Traß und Zement
sich besser verhalten sollen als Traßzement, zumal beim gemeinsamen
Vermahlen offenbar auch chemische Reaktionen (siehe Text) vor sich
gehen. Ihre Erklärung dürften diese abweichenden Ergebnisse und die
übrigen mit unseren Untersuchungen und denjenigen anderer unabhängiger
Stellen nicht übereinstimmenden Befunde in den von praktischen Verhältnissen stark abweichenden Versuchsbedingungen finden.

[1] Ingenieur, Haag 1931 Nr. 21.

Da nach der mineralogischen Methode nicht aller Klinker vom Traß zu trennen war, liegt die Vermutung nahe, daß sich neue Mineralien gebildet hatten. Bestätigt eine Nachprüfung die gefundenen Resultate, so kann nur das Mahlen für diese Vorgänge verantwortlich gemacht werden.

Die Untersuchungen sind noch nicht abgeschlossen, doch sprechen die bisherigen Ergebnisse sehr für die Annahme, daß während des Mahlens chemische Anlagerungen von Traßbestandteilen an den Portland-Klinker vor sich gehen. Darin würde dann die Tatsache, daß Traßportland-Zement besseren Beton liefert als das Gemenge von Traß und Zement, eine weitere Erklärung finden.

Sollten diese Vorgänge nicht infolge des verhältnismäßig hohen Gehaltes des Trasses an chemisch gebundenem Wasser auf diesen beschränkt sein, so steht zu erwarten, daß auch bei anderen hydraulischen Zuschlägen ähnliche Beobachtungen gemacht werden. Gewisse Versuchsbedingungen werden dabei natürlich Voraussetzung sein. So wird jedenfalls die Temperatur in der Mühle eine Rolle spielen und auch das Mühlensystem dürfte von Einfluß sein. Vergleiche mit auf Laboratoriumsmühlen gefeinten Zementen wären so abwegig, wie es die Gegenüberstellung von Zementen aus Betriebs- und Kleinmühlen für eine Zementauswahl in der Praxis ist.

Unter diesen Gesichtspunkten wird es auch verständlich sein, warum wir stets das gesamte Bindemittel bei der Berechnung des Wasser-Zement-Faktors und des Zementgehaltes des Betons zugrunde legen[1]. Durch gemeinsames Vermahlen der Ausgangsstoffe so innig gemischte Zemente können unseres Erachtens nach weder vom Standpunkt der Herstellung noch nach den Prüfungsergebnissen ihres Betons als mechanische Gemenge aufgefaßt, der so beigemischte Traß also auch nicht als indifferenter Zuschlag gerechnet werden.

## B. Einfluß der chemischen Zusammensetzung.

Im vorstehenden Kapitel wurde gezeigt, daß von einem gewissen Feinheitsgrad an durch Mahlung des Zements nur mehr geringe Qualitätssteigerung seines Betons zu erreichen ist. Man kann sogar aus Abb. 32 ablesen, ungefähr von welcher Mahlfeinheit an eine weitere Feinung sowohl für die Druckfestigkeit als auch für die Wasserdurchlässigkeit wenig Zweck mehr haben wird. 20 cm dicke Scheiben sind bereits bei 6,9 % Rückstand

---

[1] Vgl. die Zusammenstellungen.

vollkommen wasserundurchlässig. Für dünnere Scheiben wird die Kurve etwas höher verlaufen, d. h. hier wird weitere Feinung sich noch bemerkbar machen. Aber auch für dünnere Scheiben muß ein Punkt kommen, von welchem ab bessere Wasserundurchlässigkeit durch feinere Mahlung zu teuer erkauft wäre. Bei der Druckfestigkeit ist das durch Feinung zu erreichende Maximum durch den Schnittpunkt der Geraden mit der Ordinatenachse, also bei etwa 320 kg/cm² festgelegt. Dabei wäre die Stufe von 280 kg/cm² bis 320 kg/cm² sehr schwer zu übersteigen, denn der Zement dürfte keinen Rückstand auf 10000 Maschen mehr hinterlassen.

Vergleicht man dagegen den Einfluß der chemischen Zusammensetzung, wie er in den einzelnen Zementsorten der Abb. 27 zum Ausdruck kommt, so ergibt sich, daß hier infolge der großen Zahl der möglichen Varianten — Änderung des Verhältnisses der Bestandteile zueinander und Änderung der chemischen und physikalischen Beschaffenheit der einzelnen Komponenten — weitergehende Verbesserungen zu erwarten sein werden als durch Feinmahlung allein.

In Abb. 33 sind die Daten der Abb. 27 nochmals wiedergegeben, diesmal nach der Mahlfeinheit, dem Rückstand auf Sieb Nr. 100, geordnet. Zunächst fällt auf, daß weder die Wasserdurchlässigkeit noch die Druckfestigkeit zur Linie der Mahlung irgendeine Beziehung erkennen lassen. Der Einfluß des chemischen Aufbaues muß also noch weit größer sein als derjenige der Mahlung. — Wir lassen dabei außer acht, daß es sich um Zemente handelt, die auf den verschiedensten Mühlen gemahlen sind. Für die angestellten Betrachtungen genügen auch diese ganz rohen Unterlagen. In gewissem Sinn sind sie sogar beweiskräftiger als solche, die sich auf reine Laboratoriumsuntersuchungen stützen, denn es sind Betonprüfungen, und der Zement stammt mit zwei Ausnahmen aus dem Betrieb. Es sind hier also Versuche, die erst eine Brücke von den Ergebnissen des Laboratoriums zur Praxis schlagen, überflüssig.

Eines läßt jedenfalls Abb. 33 ganz deutlich erkennen: Manche Zementsorten haben durch ihre chemische Zusammensetzung gegenüber anderen einen solchen Qualitätsvorsprung, daß er durch Änderungen, die den Zement nicht zu einer anderen Zementsorte machen, also z. B. durch weitere Feinung, schärferen Brand oder geänderten Kalkgehalt des Klinkers, Wechsel der Menge des hydraulischen Zuschlags usw., kaum einzuholen sein dürfte.

Als einfachstes Beispiel sei Portland-Zement genannt. Setzt man für den normalen und den frühhochfesten Portland-Zement der Abb. 33 gleiche chemische Zusammensetzung voraus und betrachtet die Qualitätssteigerung nur als Auswirkung der Mahlung, so zeigt der Vergleich mit Traßportland-Zement II, daß der Portland-Zement die Qualität (nicht Festigkeit!) des letzteren nie erreichen wird, da Traßportland-Zement II mit 23,1 % Rückstand auf Sieb Nr. 100 dem „hochwertigen" Portland-Zement

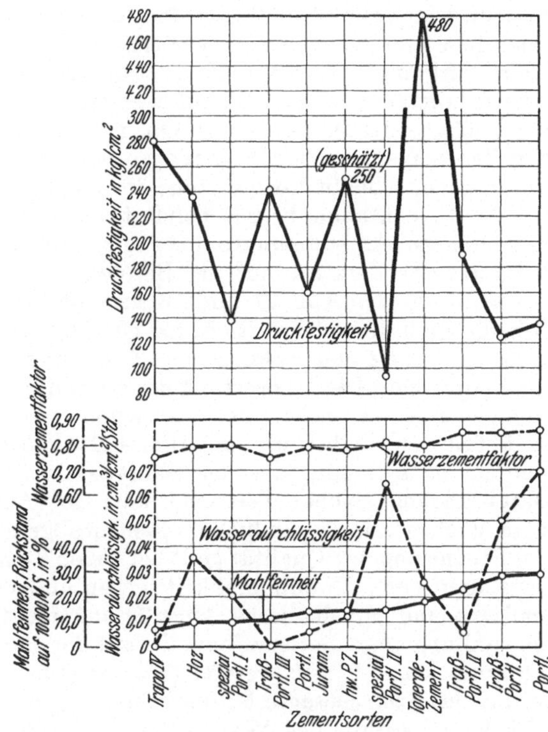


Abb. 33. Mahlfeinheit verschiedener Zementsorten und Wasserdurchlässigkeit und Druckfestigkeit ihres Betons.

mit 14,4 % Rückstand bereits überlegen ist. Das Zumahlen von Traß, also die Änderung der chemischen Zusammensetzung, bedingt somit einen vom Portland-Zement nicht einzuholenden Vorsprung.

Dabei ist noch zu berücksichtigen, daß für den frühhochfesten Portland-Zement alle Möglichkeiten zur Qualitätserhöhung, wie sorgfältige Aufbereitung, scharfer Brand usw., voll ausgenützt sein dürften, denn es handelt sich, wie schon erwähnt, um einen erstklassigen Zement, im Gegensatz zu dem normalen Portland-Zement, dessen Güte sicher auch noch durch andere Maßnahmen, als feinere Mahlung, um einiges zu verbessern wäre.

Der grundlegende Einfluß der chemischen Zusammensetzung läßt sich schon hier erkennen, ohne daß auf das umstrittene Gebiet der reinen Zementchemie eingegangen zu werden braucht. Ein solcher Schritt dürfte unseres Erachtens nach erst dann fruchtbringend sein, wenn alle Grundlagen über die Konstitution der Klinkermineralien und das Mengenverhältnis, in dem sie im Portland-Klinker vorkommen, einwandfrei sichergestellt sind. Aber auch dann wird die Zement- und Betonforschung der Spezial-untersuchungen nicht entraten können. Ob rein analytische Untersuchungen der Zemente schon Fingerzeige oder eine Basis zur Beurteilung abgeben, bleibt abzuwarten; in der Form, wie sie von uns bei der Zementauswahl mit benutzt wurden, liefern sie manche brauchbaren Anhaltspunkte über die Wirkung des chemischen Aufbaues der Zemente auf die Betongüte.

Ein genaues Studium der Abb. 27 und 33 verschafft weitere Einblicke und zeigt auch, in welcher Richtung gearbeitet werden muß, um durch Änderung der chemischen Zusammensetzung höhere Qualität zu erzielen. Die Auswertung des ganzen Problems bedingt aber eingehende Versuche, die, wie schon gesagt, be-rufenen Stellen überlassen bleiben mögen. Hier sollte nur darauf hingewiesen werden als Anregung aus der Baupraxis.

Bei der Durchführung solcher Versuche wäre im Auge zu behalten, daß möglichst „unempfindliche" Zemente geschaffen würden. Mit der Steigerung der Qualität geht bei vielen Zementen parallel ein Anwachsen der „„Empfindlichkeit' gegen äußere Ein-flüsse, wie chemische und physikalische Angriffe auf den Beton, sowie gegen Schwankungen im Betonaufbau, die auf der Baustelle nie vollkommen auszuschalten sein werden (Wassergehalt!).

Ein Beispiel für das eben Gesagte ist der schon eingangs fest-gestellte verschiedene Einfluß des Wasser-Zement-Faktors auf Zement verschiedenen chemischen Aufbaues, nämlich auf Traß-portland-Zement und Portland-Jurament. Der höherwertige Traß-portland-Zement ist gegen Wasserzusatz empfindlicher als der Portland-Jurament. Dieser Nachteil wird indessen bis zu einem gewissen Grad wieder dadurch ausgeglichen, daß mit der Mehr-zugabe von Wasser bei Traßportland-Zement-Beton die Verarbeit-barkeit sich rascher bessert als bei Beton aus Portland-Jurament[1].

---

[1] Die Verarbeitbarkeit des Betons wird bei der gleichen Zementsorte durch Feinmahlung erhöht; bei unterschiedlichen Zementsorten ist der Einfluß des chemischen Aufbaues größer als derjenige der Mahlung. —

Trotzdem dürfte es möglich sein — die Ergebnisse der Abb. 27 und 28 deuten darauf hin —, durch Variieren der chemischen Zusammensetzung einen Traßportland-Zement gleicher Qualität aber geringerer Empfindlichkeit gegen Wasserzusatz zu schaffen.

Können alle praktisch vorkommenden Einwirkungen entsprechend ihrer Wichtigkeit für den Bau berücksichtigt und kann der Zement darauf abgestimmt werden, so bedeutet dies die Schaffung eines Ideal-Zementes, der allen Anforderungen gerecht wird, also eines im wahren Sinn des Wortes „hochwertigen" Zementes.

# IV. Zusammenfassung des zweiten Teils.

1. Es wird über Untersuchungen zur Auswahl des Bindemittels für Betonbauten berichtet.

2. Die aus den verschiedenen Zementen bereiteten Betonsorten wurden auf Wasserdurchlässigkeit, Druckfestigkeit und Widerstand gegen chemische Angriffe geprüft.

3. Vorversuche zeigten, daß mit etwa 200 kg Zement pro Kubikmeter, Beton besserer Wasserundurchlässigkeit zu schaffen ist.

4. **Bei Verwendung von feingemahlenen Mischzementen reichen 200 kg Zement pro Kubikmeter aus, um 20 cm starke Betonscheiben bei 1,3 Atm. Wasserdruck wasserundurchlässig zu erhalten.**

5. Die Auswertungsmethode für Wasserdurchlässigkeits-Prüfungen wird näher beschrieben.

6. Es wird begründet, warum die Prüfung auf Wasserdurchlässigkeit für Wasserbauten wichtiger ist als die Druckfestigkeitsprüfung.

---

Zemente, die Beton hoher Geschmeidigkeit liefern, bieten dem Baupraktiker — neben der Möglichkeit, den Wasserzusatz niedriger zu halten — den Vorteil, daß er den Anteil seines Kieses an Grobem (über 7 mm) erhöhen, also bei vorgeschriebenem Zementgehalt pro Kubikmeter einen fetteren Mörtel erhalten oder bei ausreichender Betongüte Zement einsparen kann. Für den mehr und mehr an Bedeutung gewinnenden Gußbeton ist dies unter Umständen von besonderem Wert. Als Beispiel sei folgendes festgehalten: Während Bethke (Das Wesen des Gußbetons. Berlin: Julius Springer 1924) bei Verwendung eines Portland-Zementes mit 13 % Rückstand auf 5000 Maschen für entmischungsfreie Gießbarkeit des Betons einen Mindestsandgehalt von 40 % brauchte, erhielten wir bei Verwendung von Traßportland-Zement, der 7 % Rückstand auf 10000 Maschen hinterließ, mit 37 % Sand, Gußbeton, der mit 100 mm Größtkorn ohne jede Entmischung die Gießrinne passierte und zu der Annahme berechtigte, daß auch Kies mit noch kleinerem Sandgehalt entmischungsfrei zu gießenden Beton ergäbe.

7. Die Zementauswahl für die Bauten der Neckarkanalisierung wird beschrieben.

8. Portland-Jurament und Traßportland-Zement erwiesen sich als am besten für den ins Auge gefaßten Verwendungszweck geeignet.

9. Zur Sicherung der Versuchsergebnisse wurden weitere Zementsorten geprüft.

10. Bezüglich der für Wasserbauten maßgebenden Güteeigenschaften steht Traßportland-Zement an der Spitze aller untersuchten Zementsorten.

11. Die ersten Ergebnisse einer größeren Versuchsreihe über den Widerstand gegen sulfathaltige Wasser werden mitgeteilt.

12. Bei den Prüfungen zu 11 hat sich bis jetzt Traßportland-Zement mit 50% Traßgehalt am besten bewährt. An letzter Stelle steht frühhochfester Portland-Zement.

13. Damit ist die Überlegenheit kalkarmer Zemente — guter Qualität (!) — für Wasserbauten erwiesen.

14. Die Nacherhärtung der bei den Bauten der Neckarkanalisierung verwendeten Mischzemente, Portland-Jurament und Traßportland-Zement, ist eine gute, und zwar sowohl in erdfeuchter als auch in plastischer Verarbeitung.

15. Der Einfluß der Mahlfeinheit eines Zementes macht sich im allgemeinen bei der Wasserdurchlässigkeit stärker bemerkbar als bei der Druckfestigkeit.

16. An Traßportland-Zement wird der Einfluß der Mahlung näher erläutert.

17. Es besteht die Wahrscheinlichkeit, daß beim gemeinsamen Vermahlen von Traß und Portland-Klinker chemische Reaktionen vor sich gehen.

18. Der Einfluß des chemischen Aufbaues der Zemente auf die Betongüte ist größer als Einflüsse der Aufbereitung und Mahlung.

19. Es wurden die für Wasserbauten wichtigen Zementeigenschaften und die Möglichkeiten, diese zu steigern, kurz besprochen als Anregung aus der Baupraxis für weitere Arbeiten auf diesem Gebiet.

# Literaturverzeichnis.


Agatz: Die rationelle Bewirtschaftung des Betons, S. 84, Abs. 2. Berlin: Julius Springer 1927.
Anweisung für Mörtel und Beton der deutschen Reichsbahngesellschaft (AMB), S. 18 ff. Berlin: W. Ernst & Sohn 1928.
Bautechnik 1927 S. 566.
Bethke: Das Wesen des Gußbetons. Berlin: Julius Springer 1924.
Biehl: Zement 1928 S. 1102.
Emperger: Zement 1930 S. 1209.
Gehler: Erläuterungen zu den Eisenbetonbestimmungen, S. 67 und 68. Berlin: W. Ernst & Sohn 1927.
Graf: Aufbau des Mörtels und des Betons. Berlin: Julius Springer 1930.
— D. A. f. E. Heft 63 und 65.
Graf-Göbel: Schutz der Bauwerke. Berlin: W. Ernst & Sohn 1930.
Ingenieur, Haag 1931 Nr. 21.
Kühl: Zementchemie, S. 83. Berlin: Zement u. Beton G. m. b. H. 1929.
Merkle: Wasserdurchlässigkeit von Beton. Berlin: Julius Springer 1927.
Pfletschinger: Einfluß der Grobzuschläge auf die Güte von Beton. Berlin: Zementverlag 1929.
Probst: Zement 1928 S. 943.
Probst-Dorsch: Zement 1929 S. 292 und 338.
Rissel: Beton u. Eisen 1929 S. 381 und 385.
— Tonind.-Ztg. 1929 S. 105; 1931 S. 411 und 601; 1932 Nr. 18 S. 249.
— Zement 1930 S. 217, 532 und 1079; 1932 Nr. 8 S. 111.
Stein Holz Eisen 1928 W. 29.
Traßportland-Zement. Neuwied: Strüder 1929.
Walz: Die heutigen Erkenntnisse über die Wasserdurchlässigkeit des Mörtels und des Betons. Berlin: W. Ernst & Sohn 1931.
Zbl. Bauverw. 1931 S. 641.

# Formen und Apparatur zur Bestimmung der Wasserdurchlässigkeit von Beton[2].

### Von Dr. **Ernst Rissel**.

Zur Prüfung der Wasserdurchlässigkeit von Beton wurden bis heute im wesentlichen zwei Systeme[3] herangezogen. Entweder wurden rechteckige[4] oder runde Körper[5] in einen Prüfapparat eingespannt, oder es wurde das Druckwasser in den Hohlraum eines großen Betonwürfels eingeleitet[6]. Die erste und letzte Methode haben den Nachteil, daß der genaue Durchgangsquerschnitt nicht festgelegt ist, zahlenmäßige Angaben der Durchlässigkeit also sehr ungenau oder ganz unmöglich sind. Bei runder Form ist die seitliche Abdichtung und damit die genaue Berechnung der Wasserdurchlässigkeit in Kubikzentimetern bezogen auf die Durchgangsfläche und die Zeit möglich.

Runde Betonkörper wurden bislang hergestellt durch Zersägen von kleinen Betonsäulen. Diese wurden in auseinandernehmbaren Eisenhohlzylindern gefertigt. Die Methode hat den Nachteil, daß erstens nur in Richtung der Stampfrichtung (Arbeitsrichtung) geprüft werden kann, und daß zweitens die Prüfung von Arbeits- und Stampffugen (Schichtfugen) nicht möglich ist. In der Praxis — bei Stauwehren, Schleusen usw. — tritt aber der Wasserdruck meist senkrecht zur Arbeitsrichtung auf. Andererseits ist festgestellt, daß gerade die Arbeitsfugen und die Schichtfugen die größte Wasserdurchlässigkeit zeigen. (Arbeitsfugen: nicht Deh-

---

[1] Auszug aus Zement 1930 Nr. 23 S. 532.

[2] Apparate und Formen lieferte Firma Th. Hartenstein & Sohn in Heidelberg, Römerstr. 28.

[3] Über ein drittes System vgl. Zement 1931 S. 987.

[4] Vgl. z. B. Bauingenieur 1923 S. 221 ff. und Beton und Eisen 1928 S. 254.

[5] Bauingenieur 1922 S. 711.

[6] Bautechnik 1926 S. 199.

nungsfugen [Bewegungsfugen], sondern Stellen, an denen die Arbeit so lange unterbrochen wurde, daß der Beton schon abgebunden oder „angezogen" hatte, ehe die nächste Schicht eingebracht wurde).

Abb. 34.  Holzformen.
a zusammengesetzt, b oberer Rundteil abgenommen, mit Einsatz für 10 cm dicke Körper.

Unter Berücksichtigung dieser Gedanken wurden Formen geschaffen, die es erlauben, sowohl in der Arbeitsrichtung als auch

Abb. 35.  Eisenformen.
a zusammengesetzt, b seitlich geöffnet, mit Abschlußblech e für die Einfüllöffnung.

senkrecht dazu zu prüfen, und die ferner die Möglichkeit bieten, die Wasserdurchlässigkeit von Arbeits- und Schichtfugen (Fugen, die entstehen durch das schichtweise Einbringen des Betons in das Bauwerk) nach verschiedener Vorbehandlung und unter Berücksichtigung verschiedener Umstände zahlenmäßig zu ermitteln.

Die Formen sind sehr einfach gebaut. Ihr Herstellungspreis ist weit geringer als die Kosten für das Zersägen von Betonsäulen. Das Zersägenlassen ist, nebenbei bemerkt, auch ziemlich mit Umständen verknüpft, da nur wenige Stellen über gute Steinsägen verfügen, die für solche Schnitte geeignet sind. Hergestellt werden die Formen zweckmäßig aus 5 mm starkem Eisenblech, doch können sie evtl. auch aus entsprechend stärkerem Holz gefertigt werden.

Die beiden formgebenden Rundteile sind in sich und an den Seitenwänden mit Flügelschrauben befestigt.

Die Maße, die aus den Abb. 36 a und b zu entnehmen sind, haben sich beim Gebrauch der Formen als zweckmäßig erwiesen. Die Dicke der Betonkörper sollte — besonders wenn Bauwerksbeton geprüft wird — nicht unter 20 cm bleiben. Für rasche Prü-

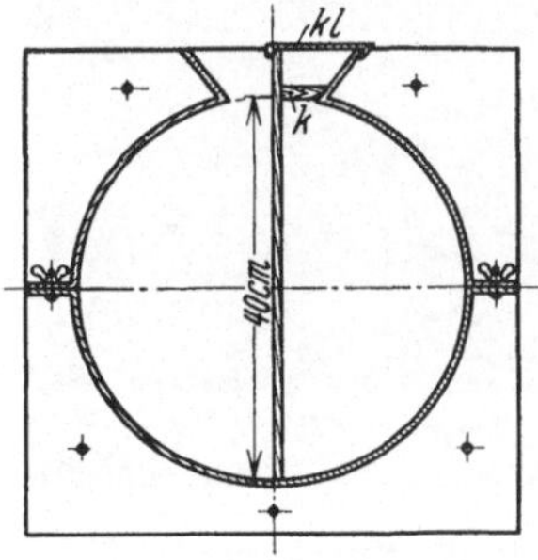

Abb. 36a. Längsschnitt.

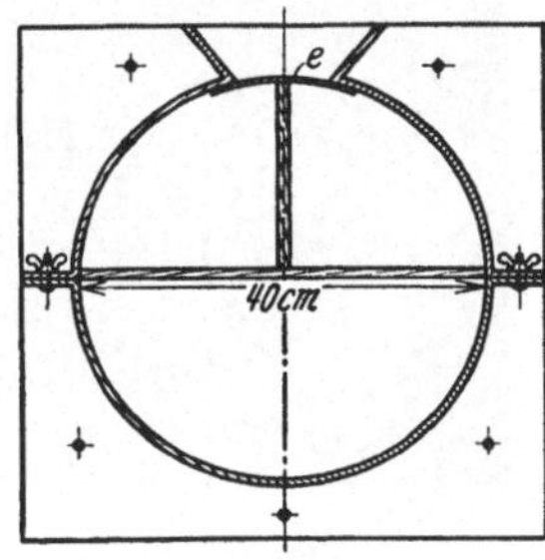

Abb. 36b. Horizontalschnitt.

fungen und Versuche genügt auch eine Dicke von 10 cm. Hat man nur 20 cm breite Formen zur Verfügung, so kann man durch Einlegen genau passender, runder Holz- oder Eisenscheiben kleinere Querschnitte erhalten (vgl. Abb. 34b).

Abb. 36a zeigt die Möglichkeit, auch senkrechte Arbeitsfugen (Schalungsfugen) in den Prüfkörper einzulegen. Zu diesem Zweck bringt man ein genau eingepaßtes Brettstück in der angegebenen Weise in der Form an. Das Brett wird durch Eisenklammern kl und Holzkeil k in der richtigen Lage gehalten. Man füllt zunächst die erste Hälfte, und nach dem Abbinden bzw. Erhärten des Betons und anschließendem Entfernen des Einlagebrettes, die zweite Hälfte der Form. Für Schalungsfugen in Richtung der Stampf- und Wasserdruckrichtung kommt Anordnung nach Abb. 36b zur Verwendung. Die Einfüllöffnung wird in diesem Fall durch ein Eisenblech e verschlossen. Will man Beton in Richtung der Arbeitsrichtung prüfen, so gebraucht man die gleiche Anordnung ohne die Bretteinlage.

Die Formen sind also sehr vielseitig zu verwenden und tragen allen Anforderungen der Praxis Rechnung.

Vor Gebrauch ölt man die Formen gut ein. Man bringt zunächst bei abgenommenem oberen Rundteil den Beton in zwei Schichten in die untere Hälfte der Form ein, setzt dann den oberen Teil auf und stellt den Betonkörper in zwei weitere Schichten fertig. Jede Schicht bearbeitet man mit einem 16 cm² breiten, nicht zu schweren Stampfer. Aufrauhen jeder Stampfschicht, vor Einbringen der nächsten, geschieht wie bei der Herstellung von Probewürfeln nach den Bestimmungen des Deutschen Ausschusses für Eisenbeton. (Gußbeton wird — in die fertig zusammengesetzte Form gebracht — wie beim Bau mit einem Eisen „durchgerührt").

Abb. 37. In den Formen hergestellte Betonkörper.
a 10 cm dick, b 20 cm stark, c ein einen Tag alter Beton, eben entformt.

Beim Ausschalen und Lagern der Prüfkörper verfährt man ebenfalls entsprechend den Bestimmungen des Deutschen Ausschusses für Eisenbeton, nur daß man der besseren Seitendichtung wegen am 2. Tag jeden Körper mit einem Glattstrich (1 : 3 Gewt.) ummantelt und auf den geraden Flächen die gleiche Mischung in etwa 1 mm starker Schicht, 6 cm vom Rand aus nach innen, aufträgt (vgl. Abb. 37a und b). Am 1. Tag nach der Herstellung entfernt man den oberen Rundteil und die Seitenwände (s. Abb. 37c), am 2. Tag hebt man den Körper von der Form. Um die Prüfungsergebnisse nicht durch Zufälligkeiten zu beeinträchtigen, entfernt man am Tage vor der Prüfung die Zementhäutchen auf den Prüfflächen durch leichtes Behauen mit dem Stockhammer (Abb. 37a und b)[1]. So wird tatsächlich der Kernbeton geprüft, und man er-

---

[1] Bei amerikanischen Versuchen werden neuerdings die Zementhäutchen auf den Prüfflächen 24 Stunden nach der Herstellung der Körper mit einer Stahlbürste entfernt, was vielleicht noch zweckmäßiger ist (vgl. Bauingenieur 1932, H. 39/40, S. 507).

reicht durch ganz einfache Mittel das gleiche wie bei dem kostspieligen Zersägen.

Zur Prüfung dient die Apparatur nach Abb. 38. Die Konstruktion folgt im wesentlichen bekannten Vorbildern. Die Ausführung wurde hier jedoch leichter gestaltet, weil, dem Höchstdruck, der in diesem Fall in der Praxis vorkommt, mit einem geringen Überdruck Rechnung tragend, zunächst kein höherer Druck als ein solcher von 1,3 Atm. angewendet wurde[1]. Da außerdem bei stets gleichbleibendem Druck geprüft werden sollte, wurde der Apparat an eine Steigleitung von 13 m Höhe angeschlossen. Die Höhe der Wassersäule wurde durch ein Schwimmerventil, das mit der Wasserleitung verbunden war, konstant gehalten (s. Abb. 40 A).

Abb. 38.   Prüfapparat ohne Prüfkörper.

Mit Eintritt des Winters mußte die Steigleitung wegen Frostgefahr aufgegeben werden. An ihre Stelle trat eine Vorrichtung nach Abb. 40 B. Der Druck wurde jetzt in einem auf den Spülkasten aufgesetzten Windkessel mittels Luftpumpe erzeugt. Durch den Anschluß an die Wasserleitung (4÷5 Atm. Druck) über das Schwimmventil $V$ konnte der Druck nach Ausschaltung größerer Temperaturschwankungen praktisch konstant gehalten werden. Um Temperaturkonstanz in der Apparatur zu erhalten, wurde die Temperatur im Aufstellungsraum dauernd zwischen 15 und 20° gehalten und außerdem das ganze System durch Einpacken in Torfmull isoliert. An die Druckleitung wurden bis zu 8 Apparate angeschlossen. Der Druck blieb — abgesehen vom Unterdrucksetzen einer neuen Betonscheibe, wobei Druckdifferenzen bis zu 20 mm Quecksilbersäule auftraten — in Grenzen von ± 2 bis 3 mm Hg konstant. Die Schwankungen beim Unterdrucksetzen konnten leicht durch anfängliches Lufteinpumpen und späteres Auslassen der Luft in $^1/_4 \div ^1/_2$ Stunde aufgehoben werden.

---

[1] Bei späteren Versuchen hielt die Apparatur bis zu 7 Atm. Druck aus.

Beim Einbauen der Prüfkörper in den Druckapparat verfährt man folgendermaßen: Der Betonkörper wird zwischen zwei 3 cm breiten, 2 cm dicken, weichen Gummiringen eingespannt. Um den Körper legt man vor dem Aufsetzen der Deckelplatte einen Blechring $b$ (s. Abb. 40 A, $b$) von 42 cm lichter Weite. Die Deckelplatte $d$ drückt man — gleichmäßig alle Schrauben anziehend — gegen die Auflageplatte $a$, bis die Gummiringe fest-

Abb. 39.  Prüfapparate.
A fertig zum Eingießen des Wachses durch Trichter $T$, B ohne Wachs-Ummantelung.

sitzen und die Prüffläche genau einschließen. Hierauf gießt man mit Hilfe eines Trichters durch die Deckellöcher $o$, die in 20 cm Abstand vom Mittelpunkt angeordnet sind, durch Erwärmen flüssig gemachtes Bergwachs, bis der Beton und die Gummiringe ringsum von dem Wachs eingeschlossen sind. Die Blechringe sind $20 \div 22$ cm hoch. Der Zwischenraum bis zur Deckelplatte wird durch Umkleben eines starken Papiers überbrückt. Das Wachs gießt man gut heiß ein, bis es nicht mehr unter die Höhe der Deckelplatte zurückgeht. Das Einbauen nimmt $1 \div 2$ Stunden in

Anspruch. Sind die Eisenteile und die Betonflächen, mit denen das Wachs in Berührung kommt, lufttrocken und nicht zu kalt gewesen, so erhält man nach $1/2$ tägigem Erhärten des Wachses einen überall fest anliegenden starken Dichtungsgürtel, der mit dem Verputz des Betons zusammen einem Wasserdruck bis zu

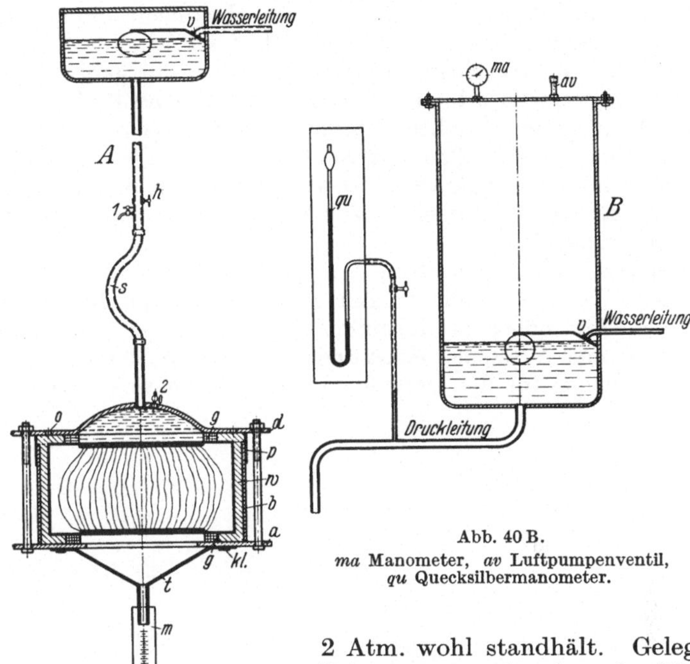


Abb. 40 A.

*V* Schwimmerventil,  *h* Haupthahn,  *1* und *2* Entlüftungshähne,
*S* Verbindungsschlauch, *o* Deckellöcher, *g* Gummiringe,  *d* Deckelplatte, *p* Papierring,  *w* Wachs,
*b* Blechring,  *a* Auflageplatte,
*kl* Klammern,  *t* Auffangtrichter,
*m* Meßzylinder.

Abb. 40 B.

*ma* Manometer,  *av* Luftpumpenventil,
*qu* Quecksilbermanometer.

2 Atm. wohl standhält. Gelegentlich genügt auch schon der Mörtelverputz allein zur Seitendichtung (vgl. Abb. 39 B und E).

Das Wachs läßt man am besten über Nacht erhärten und setzt am nächsten Morgen den Apparat unter Druck. Man schließt Entlüftungshahn *1* (Abb. 40), öffnet Entlüftungshahn *2* und den Haupthahn *h*. Bringt das bei *2* ausströmende Wasser keine Luft mehr mit, so schließt man Hahn *2*, treibt evtl. noch vorhandene Luft durch Bewegen des Verbindungsschlauches und gleichzeitiges rasches Öffnen von Hahn *1* daselbst aus der Apparatur.

Das mutmaßliche Strömungsbild des Wassers im Betonkörper geht aus Abb. 40 A hervor. Wir haben gleich große Ein- und Austrittsflächen. Die Zwischenbahn ist nachgewiesenermaßen von Zufälligkeiten abhängig, genau wie bei einem Betonkörper, der erst ganz am Rand abgedichtet ist. Das austretende Wasser fängt man in Meßzylindern auf und errechnet die Menge, die in der Stunde durch den Quadratzentimeter durchgeht.

Läßt man das Wasser bei der Prüfung durch den Prüfkörper aufsteigen, anstatt es — wie hier — von oben nach unten durchgehen zu lassen, so ist es nicht möglich, zu beobachten, ob der Austritt nur an einzelnen Stellen oder über die ganze Fläche gleichmäßig verteilt erfolgt. Solange man dies beobachten will, oder auf die ersten feuchten Stellen wartet, setzt man den Auffangtrichter $t$ in ein Glas unterhalb der Austrittsöffnung (vgl. Abb. 39 A und E). Späterhin wird er durch 3 Klammern ($kl$ in Abb. 40) an der Unterseite der Auflageplatte befestigt (vgl. Abb. 39 B und D).

Die Genauigkeit, mit der die Apparatur arbeitet, genügt für praktische Versuche vollauf. Der Preis der ganzen Einrichtung stellt sich nicht höher, als die einmalige Prüfung von 5—10 Probekörpern in einer Versuchsanstalt und bleibt auch hinter den Kosten der Einrichtung für die Druckfestigkeitsprüfung weit zurück.

***Der Aufbau des Mörtels und des Betons.** Untersuchungen über die zweckmäßige Zusammensetzung der Mörtel und des Betons. Hilfsmittel zur Vorausbestimmung der Festigkeitseigenschaften des Betons auf der Baustelle. Versuchsergebnisse und Erfahrungen aus der Materialprüfungsanstalt an der Technischen Hochschule Stuttgart. Von **Otto Graf.** Dritte, neubearbeitete Auflage. Mit 160 Textabbildungen. VIII, 151 Seiten. 1930. RM 16.—; gebunden RM 17.50

**Der Beton.** Herstellung, Gefüge und Widerstandsfähigkeit gegen physikalische und chemische Einwirkungen. Von Dr. **Richard Grün,** Direktor am Forschungsinstitut der Hüttenzementindustrie in Düsseldorf. Zweite Auflage in Vorbereitung.

***Das Wesen des Gußbetons.** Eine Studie mit Hilfe von Laboratoriumsversuchen. Von Dr.-Ing. **G. Bethke.** Mit 33 Textabbildungen. 58 Seiten. 1924. RM 3.30

***Wasserdurchlässigkeit von Beton** in Abhängigkeit von seinem Aufbau und vom Druckgefälle. Von Dr.-Ing. **Gustav Merkle.** (Mitteilungen des Instituts für Beton und Eisenbeton an der Technischen Hochschule in Karlsruhe i. B., Leitung: E. Probst.) Mit 33 Textabbildungen. IV, 66 Seiten. 1927. RM 5.10

***Vorlesungen über Eisenbeton.** Von Professor Dr.-Ing. **E. Probst,** Karlsruhe.

Erster Band: Allgemeine Grundlagen. — Theorie und Versuchsforschung. — Grundlagen für die statische Berechnung. — Statisch unbestimmte Träger im Lichte der Versuche. Zweite, umgearbeitete Auflage. Mit 70 Textabbildungen. XI, 620 Seiten. 1923. Gebunden RM 24.—

Zweiter Band: Grundlagen für die Berechnung und das Entwerfen von Eisenbetonbauten. — Anwendung der Theorie auf Beispiele im Hochbau, Brückenbau und Wasserbau. — Allgemeines über Vorbereitung und Verarbeitung von Eisenbeton. — Richtlinien für Kostenermittlungen. — Eisenbeton und Formgebung. Zweite, umgearbeitete Auflage. Mit 61 Textabbildungen. IX, 539 Seiten. 1929. Gebunden RM 31.50

***Beton.** Anregungen zur Verbesserung des Materials. Ein Ergänzungsheft zu „Vorlesungen über Eisenbeton", erster Band, zweite Auflage. Von Professor Dr.-Ing. **E. Probst,** Karlsruhe. Mit 7 Textabbildungen. IV, 54 Seiten. 1927. RM 3.—

---

* Auf die vor dem 1. Juli 1931 erschienenen Bücher wird ein Notnachlaß von 10% gewährt.

## Mitteilungen der deutschen Materialprüfungsanstalten. Erscheinen in einzeln berechneten Heften.

***Sonderheft Nr. VII: Arbeiten aus dem Staatlichen Materialprüfungsamt zu Berlin-Dahlem.** Mit 113 Abbildungen. 125 Seiten. 1929. RM 19.—

Die geschichtliche Entwicklung der Zementprüfung nach den Normen. — Ergebnisse der Prüfung hochwertiger Portlandzemente nach den Normen. Von H. Burchartz. — Tonerdezement. — Über die Ursache der Abbindestörungen bei Tonerdezement. Von H. W. Gonell. — Versuche mit Hochofenzement. Abschließender Bericht, erstattet von H. Burchartz. — Über die Erkennung von Hochofenschlacke in Zementen. Von H. W. Gonell. — Wasseraufnahme von Portlandzement bei Luftlagerung. Von V. Rodt. — Kann Traß durch anderes Steinmehl ersetzt werden? — Der Einfluß des Zusatzes von Gesteins- und Tonmehl auf die Erhärtung bzw. Festigkeit von Zement- und Kalkmörtel. — Dichtigkeit und Festigkeit von Kiesbeton im Vergleich zu Kiessplittbeton. Von H. Burchartz. — Beitrag zur Feststellung der mechanischen Zusammensetzung von Mörtel und Beton. Mischungsverhältnis von Bindemittel zum Zuschlagstoff. Von V. Rodt. — Vergleich der Würfelfestigkeit von Beton mit der Druckfestigkeit des Betons im Bauwerk. — Etwas über Mörtelsande. Von H. Burchartz. — Beitrag zur Frage der Beeinflussung des Abbindens und Erhärtens von Portlandzement durch Zusätze zum Anmachewasser, insbesondere durch Zuckerlösung. (Vorläufige Mitteilung.) Von H. W. Gonell. — Versuche über den Einfluß von Kalischachtlauge auf das Abbinden und Erhärten von Zement. Von H. Burchartz. — Die Einwirkung von Schwefelwasserstoff auf Kalkmörtel, Zementmörtel und Beton. Von V. Rodt. — Kalkpulver als Ersatz für Kalkteig in der Traßnormenmischung. Von H. Burchartz. — Beitrag zur Bestimmung und Auswertung der Kohlensäure im Wasser. (Eine kritische Studie.) Von V. Rodt. — Das Verfahren zur Prüfung von Mauersteinen auf Druckfestigkeit. — Die Ursachen des Rissigwerdens von Steinholzfußbodenbelag. Von H. Burchartz. — Versuche mit Hochofenstückschlacke als Gleisbettungsstoff. Von H. Burchartz und G. Saenger. — Vergleichsversuche mit Loch- und Maschensieben. Von G. Saenger. — Versuche zur Bestimmung der Mahlfeinheit von Kohlenstaub. Von H. Burchartz. — Ein Windsichtverfahren zur Bestimmung der Kornzusammensetzung staubförmiger Stoffe. — Zur Frage der Ausscheidung der Asche aus Kohlenstaub. Von H. W. Gonell.

## Berl-Lunge, Chemisch-technische Untersuchungsmethoden. Herausgegeben von Professor Ing.-Chem. Dr. phil. **Ernst Berl,** Darmstadt. Achte, vollständig umgearbeitete und vermehrte Auflage. In 5 Bänden.

*Zuletzt erschien:*

Dritter Band: Mit 184 in den Text gedruckten Abbildungen. XLVIII, 1380 Seiten. 1932. Gebunden RM 98.—

Enthält u. a.: **Mörtelbindemittel.** Von Dr. **Richard Grün,** Direktor des Forschungsinstitutes der Hüttenzementindustrie, Düsseldorf.

Einteilung der Mörtelbindemittel. — Luftbindemittel. Fettkalk. Gips. Magnesiabindemittel. — Wasserbindemittel. Die Normenzemente und der Beton: Die Rohstoffe der Zementherstellung: Portlandzement, Hüttenzement, Tonerdezement. Die Untersuchung des fertigen Bindemittels; Probenahme; Analysengang für Normenzemente: Einleitung, Probenahme und Vorbehandlung. Konzentration der Lösungen und Reagenzien, Gang der Analyse; Mikroskopische Untersuchung; Schwebeanalyse; Technische Eigenschaften: Kennzeichnung, Begriffsbestimmung und Eigenschaften des Zementes nach den Deutschen Normen für Portland-, Eisenportland- und Hochofenzement, Prüfverfahren nach den Deutschen Normen für Portlandzement, Eisenportlandzement und Hochofenzement, Eigenschaften der Zemente, soweit sie nicht in den Normen berücksichtigt erscheinen. Mörtel und Beton: Prüfung des physikalischen Aufbaues und der technischen Eigenschaften; Chemische Zusammensetzung. Hydraulische Kalke. — Hydraulische Zusätze. Natürliche hydraulische Zusätze. Künstliche hydraulische Zuschläge.